SHUBIANDIAN GONGCHENG BIAOZHUNHUA SHIGONG

输变电工程标准化施工
深基坑作业

国网湖北省电力有限公司　编

中国电力出版社
CHINA ELECTRIC POWER PRESS

内 容 提 要

为提高输变电工程标准化作业水平，降低施工作业风险，国网湖北省电力有限公司针对输变电工程中风险较高的专项作业组织编写了《输变电工程标准化施工》丛书。本书为《深基坑作业》分册，共7章，包括基本知识、深基坑工程的特点及基础设计、挖孔基础施工、大开挖基坑施工、机械化施工、应急管理、典型工程实例等方面内容。书中还整理了各类规程规范中关于深基坑作业的要求以及2019年和2020年的三起输变电工程深基坑作业典型事故案例，作为附录列在文末。

本书可供深基坑作业现场施工、监理和建设管理人员参考使用。

图书在版编目（CIP）数据

输变电工程标准化施工．深基坑作业/国网湖北省电力有限公司编 .—北京：中国电力出版社，2020.10（2021.1重印）

ISBN 978-7-5198-4911-5

Ⅰ.①输… Ⅱ.①国… Ⅲ.①输电-深基坑-电力工程-工程施工-标准化-中国②变电所-深基坑-电力工程-工程施工-标准化-中国 Ⅳ.①TM7-65

中国版本图书馆 CIP 数据核字（2020）第 163309 号

出版发行：中国电力出版社
地　　址：北京市东城区北京站西街 19 号（邮政编码 100005）
网　　址：http://www.cepp.sgcc.com.cn
责任编辑：肖　敏（010－63412363）
责任校对：黄　蓓　郝军燕
装帧设计：张俊霞
责任印制：石　雷

印　　刷：北京天宇星印刷厂
版　　次：2020 年 10 月第一版
印　　次：2021 年 1 月北京第二次印刷
开　　本：787 毫米×1092 毫米　16 开本
印　　张：9
字　　数：212 千字
印　　数：2501—3000 册
定　　价：38.00 元

《输变电工程标准化施工 深基坑作业》

编 委 会

主　　编	周新风
副 主 编	施通勤　彭开宇　祁　利
参编人员	殷建刚　方　晴　吴　松　齐兴斌　程宙强　张　政
	马佳侠　刘晓宇　周英博　王　杰　刘继武　张　辉
	杨少荣　刘万方　冯　衡　余宏桥　周　伟　陈雄高
	王文扬　吴向东　易黎明　张　江　罗先国　姚宏飞
	段志强　李　靖　甘鹏博　陈　晖　何　昱

前　言

　　输变电工程标准化作业是电网高质量建设的重要手段，国家电网有限公司通过多年实践总结，逐步形成并完善了基建标准化建设理念，以管理和技术两个维度的标准化体系为支撑，积极应用新技术、新材料、新设备、新工艺，降低施工风险，提高安全保障，服务建设具有中国特色国际领先的能源互联网企业的战略目标。为提高输变电工程标准化作业水平，降低施工作业风险，国网湖北省电力有限公司针对输变电工程中风险较高的专项作业召开了专项标准化作业现场会，组织编写了《输变电工程标准化施工》丛书。

　　本书为《深基坑作业》分册，深基坑作业是工程建设中广泛存在的风险较大的分部分项工程。本书立足输变电工程，着眼施工安全标准化管控，从设计、施工和安全管控三个方面入手，系统介绍了不同类型深基坑在输变电工程中的适用场景、作业要点、安全注意事项等内容。

　　本书共7章，包括基本知识、深基坑工程的特点及基础设计、挖孔基础施工、大开挖基坑施工、机械化施工、应急管理和典型工程实例等方面内容。针对变电站和输电线路工程深基坑作业特点，结合工程实例，着重介绍了人工挖孔桩、掏挖基础和大开挖基础三种常见的深基坑类型，并从设计选型、施工作业、支护监测和应急保障等方面，全面讲解了深基坑标准化作业流程和安全注意事项，旨在提升深基坑作业标准化管控水平。另外，针对近年来深基坑机械化作业应用日益广泛的情况，本书选取钻孔灌注桩、钻埋式预制管桩和预制微型桩等典型施工方法进行了介绍。书中还整理了各类规程规范中关于深基坑作业的要求以及2019年和2020年三起输变电工程深基坑作业典型事故案例，作为附录列在文末。

　　本书编写人员长期从事输变电工程设计、施工、建设管理等专业工作，具有丰富的一线工程经验。书本内容理论叙述与案例实践并重，设计与施工贯通，既注重基本概念的阐述，又辅之以大量工程应用实例，图文并茂、深入浅出地讲解了深基坑标准化安全作业管控要点。本书可供深基坑作业现场施工、监理和建设管理人员学习使用，还可供大专院校电力工程专业师生参考使用。

　　由于作者水平有限，书中难免存在疏漏之处，恳请读者提出批评和建议。

编者

2020年8月

输变电工程标准化施工
深基坑作业

目 录

1 基 本 知 识

1.1 深基坑工程的定义

基坑工程是一个古老而又有时代特点的岩土工程分支。放坡开挖和简易木桩围护可以追溯到远古时代，人类土木工程活动促进了基坑工程的发展。目前，基坑工程广泛应用于人类的建（构）筑物工程中。基坑工程包括基坑围护、地下水控制和基坑土石方开挖等，要求不影响周围建（构）筑物、道路和地下管线等设施的安全和正常使用，是确保建（构）筑物地下结构工程正常施工的综合性系统工程。常规基坑工程主要包括岩土工程勘察、基坑围护结构的设计和施工、地下水控制、基坑土方开挖、基坑工程监测和周围环境保护等。

人工挖孔桩基础、掏挖基础、大开挖基础是输变电工程中普遍采用的基础型式。基坑土方开挖是基础施工的重要内容，采用人工开挖方式存在作业人员多、劳动强度大、安全风险高、施工效率低及施工成本高等问题；且随着架空输电线路工程电压等级和输送容量的提高以及地下变电站的不断涌现，基坑的开挖深度不断增加，开挖面积也越来越大，安全风险愈加凸显。根据《危险性较大的分部分项工程安全管理规定》（住建部令〔2018〕37 号），深基坑工程指开挖深度超过 5m（含 5m）的基坑（槽）的土方开挖、支护、降水工程，以及开挖深度 16m 及以上的人工挖孔桩工程。针对输变电工程的特点，本书所讨论的深基坑工程指孔深大于 5m 的掏挖基础、挖孔桩基础，或者开挖深度虽不大于 5m（含 5m），但自身地质条件、周边环境以及地下市政管线非常复杂的基坑工程。

1.2 深基坑在输变电工程中的应用及存在的风险

深基坑开挖必须保证坑壁的安全和稳定，基坑越深，坑壁的不稳定问题越突出。在地质环境较差的区域，基坑的开挖容易引起周边土体变形失稳，甚至垮塌。在城区输变电工程深基坑施工过程中，基坑周围往往存在各类建筑物、地下管线、既有隧道等，环境条件复杂。这些深基坑工程不仅要保证基坑围护自身的安全，而且要严格控制由基坑开挖引起的周围土体变形，以保证周围建（构）筑物的安全和正常使用。

常规输变电工程中，深基坑主要应用于输电线路工程中的人工挖孔桩基础、掏挖基础、大开挖基础以及变电站的事故油池、地下变电站等。以架空输电线路工程为例，当杆塔作用力较大时，掏挖基础埋深往往大于 5m，挖孔桩基础的埋深可达 10～25m。受地形条件制约，当交通不便、施工机械难以到达塔位时，此类基础基坑土方难免要采用人工掏挖，施工

1

风险较大。在深基坑施工作业过程中，安全风险管控意识薄弱、安全履责不到位极易引发安全事故，造成人员伤亡和重大经济损失。2019 年 7 月 3 日，某特高压输电线路工程在深基坑施工过程中发生两名劳务分包人员中毒窒息死亡事故，造成直接经济损失 200 余万元（详见附录 B）。事故警示人们：对深基坑工程的设计、施工和管理等各个环节都应高度重视，对深基坑在输变电工程应用中存在的风险源要准确识别，在设计和施工中要落实预控措施，抓好安全源头管控，确保作业现场安全稳定。

根据《国家电网公司输变电工程施工安全风险识别、评估及预控措施管理办法》〔国网（基建/3)176—2019〕相关规定，输变电工程深基坑作业主要存在高处坠落、物体打击、坍塌、中毒、爆炸、触电和窒息等风险。通过推进输变电工程深基坑标准化作业，将有助于降低输变电工程深基坑施工安全风险，强化安全保障。

1.3　输变电工程深基坑作业技术的发展

目前，我国输变电工程深基坑作业过程中，长期存在人力投入大、施工机械投入不足、缺乏高效率专业化施工装备等问题。输变电工程深基坑人工作业过程中存在着较大的安全风险，尤其是近些年，随着我国经济社会高速发展，电网建设人力资源成本也大幅提高；同时，由于经济转型、人口老龄化等趋势，输变电工程一线施工人员短缺的问题日益突出，因此，采用机械化施工替代人工开挖已成为未来输变电工程深基坑作业的必然趋势。输变电工程深基坑作业要实施机械化施工，就需要一系列的创新，首当其冲的就是创新理念，需要以人为本，科学、统筹、深刻、灵活地转变理念和方法，推进输变电工程深基坑机械化施工作业，降低人工投入和作业风险，进一步提升工程建设质量、效率，提升经济、环境和社会效益。为此，在基础选型阶段，对于具备条件的地区（如江汉平原等）可优先选用灌注桩基础，采用潜水钻机钻孔施工，从根源上避免人员进入基坑内部作业。近年来，选用旋挖钻机等施工装备对挖孔桩基础、掏挖基础进行土方开挖已在一些输变电工程建设中进行试点并逐步推广，并积累了较为丰富的机械化施工作业经验。

为进一步提升输变电工程高质量建设能力，应推行全过程机械化施工模式，提升施工技术水平，实现由劳动密集型向装备密集型、技术密集型转变，以满足一流电网建设需求，支撑特高压等重点工程建设，提升电网安全质量、效率效益及工艺水平。设计单位通过创新思维，用为机械化施工服务的理念指导设计，从源头进行创新，在输变电工程中引入预制管桩技术，推出了钻埋式预制管桩、预制微型桩等新型基础型式。此外，将"模块化生产、装配式拼接"的理念实践于基础设计中，推出锚杆静压微型桩这种新型装配式基础。这些基础型式均已成功试点应用于输变电工程建设中，并在工程实践中取得了一系列成果。相比传统的输变电工程深基坑作业，新型装配式基础不仅可以简化施工流程、缩短基础施工时间、显著提高施工效率，而且从根源上杜绝了传统输变电工程深基坑作业中的安全风险，对持续提升输变电工程建设能力具有重要意义。

2 深基坑工程的特点及基础设计

深基坑工程是一项综合性很强的系统工程，涉及工程地质、水文地质、工程结构、建筑材料、施工工艺和施工管理等多方面知识，是集土力学、水力学、材料力学和结构力学于一体的综合性学科。对深基坑工程的设计涵盖了上述诸多学科的知识，即在深基坑工程的设计过程中，需要多学科知识的融合，从而确保深基坑工程的安全可靠、经济合理。在进行深基坑工程的设计前，应对深基坑工程的特点有较为深入的认识。

人工挖孔桩基础、掏挖基础和大开挖基础是输变电工程领域最常用的三种基础型式，当这些基础尺寸达到输变电工程深基坑的范畴时，就需要以深基坑工程设计的理论为指引，并结合输变电工程行业特点进行基础的选型和设计。在基础选型阶段，须综合考虑施工难度、机具配置等因素，并结合工程地形地貌、岩土条件和水文勘察资料，预测基坑土方开挖过程中可能产生的主要岩土工程问题，进而确定输变电工程深基坑基础选型原则。

2.1 深基坑工程的特点

深基坑施工涉及面广，且现场环境复杂，涉及土体力学中的三大典型问题，即强度、变形和稳定，同时是结构工程和岩土工程交叉在一起的复杂工程。深基坑工程的主要特点如下。

（1）区域性岩土条件差异明显。例如：在湖北省江汉平原及荆州地区，土质松软、地下水位高、土壤内摩擦角和黏聚力小；而在宜昌、恩施地区，一般地下水位埋藏较深、土壤覆盖层浅、岩石承载力好，但存在溶洞等不良地质。深基坑开挖施工现场由于岩土条件的变化造成的复杂地质水文条件，对工程有很大的影响。地质水文条件的不均匀性导致勘察数据过于离散且精度低，不能准确体现土层情况。同样软黏土地基，不同地域的性状也有较大差异；地下水，特别是承压水对基坑工程施工影响很大。因此，基坑工程的设计、施工一定要因地制宜，重视区域特点，不能存在侥幸心理简单照搬。

（2）深基坑工程的设计学科综合性强。深基坑工程涉及岩土工程和结构工程两个学科，与结构力学、土力学、基础工程和监测技术等知识密切相关，是一门系统工程，对工程技术人员的要求很高，要不断地提高技术水平。

（3）深基坑施工对环境条件影响大。深基坑在施工过程中必然会影响基坑周围的地下水位和应力场，造成周围土体变形，同时会影响邻近的建（构）筑物和地下市政管线，严重时可能危及其正常使用；此外，开挖时大量的土方运输也会影响项目所在地的交通。若基坑处在空旷区，深基坑的施工较少会对周围环境产生不良影响。每个基坑工程的周围环境条件都有差异，因此应重视对基坑周围环境条件的调查分析。

(4) 深基坑工程系统性强。例如，对于地下变电站深基坑工程，基坑围护体系设计、围护体系施工、土方开挖和地下结构施工是一个系统工程。围护体系设计应考虑施工条件的许可性，尽量利于施工。围护体系设计还应对基坑工程施工组织提出要求，对基坑工程监测和基坑围护体系变形允许值提出要求。基坑工程需要加强监测，实行信息化施工。

(5) 深基坑工程对质量要求高。深基坑施工时，有的支护结构可能会成为地下永久结构的组成部分，上部结构将直接受地下结构影响。要保障深基坑地上以及地下结构的工程质量，前提是要先确保深基坑的工程质量，进而确保整个工程的质量。

(6) 深基坑工程施工风险大。多年以来，深基坑事故不断发生，技术人员要增强对基坑工程的风险意识，不可麻痹大意和存有侥幸心理。深基坑工程是一个技术极其复杂的系统工程，涉及的范畴非常广，施工周期长。深基坑施工从最初的开挖到完成所有地下隐蔽工程，可能会经历多次降水等不利情况，对事故的发生有一定的不可预见性。所以，现场技术人员必须周密考虑、高度负责，对基坑工程设计、施工和管理等各个环节提出更高的要求，强化基坑工程的风险管理。

近几十年的输变电工程深基坑建设实践表明，基坑工程建设中既有成功经验，也有失败教训，更有一系列有待解决的问题。通过分析基坑工程事故，不难发现，绝大多数基坑事故都与设计、施工和管理人员对上述基坑工程特点缺乏深刻认识、未能采取有效措施有关。当前，随着大型输变电建设工程的全面铺开，需要技术人员不断加深对深基坑工程特点的认识，增强风险意识，在今后的工程实践中不断总结、创新，提高技术水平。

2.2　深基坑基础选型原则

基坑施工是基础工程的重要内容，而基础工程是输变电工程建设体系的重要组成部分，其设计的优劣直接关系输变电工程的安全运行、工程造价控制和工程对环境的影响程度。在开展输变电工程基坑设计时，首先需围绕输变电工程领域最常用的基础型式，按照"安全可靠、方便施工、便于运行、注重环保、省省投资"的原则，确定输变电工程基础型式的选型原则。

输变电工程基础设计是指，在已知岩土地质、荷载等参数条件下，通过一系列计算来选择合适的基础类型、确定基础最佳尺寸的全过程。在设计过程中需考虑下列因素：

(1) 地质条件。主要包括工程所在地的地形条件、岩土种类、土层分布、地下水位埋深以及施工过程中地基土（岩）的变化特性等。地基土（岩）的工程评价是正确进行输变电工程基础设计的关键。

(2) 荷载特性。主要包括荷载的大小、分布和偏心程度等。杆塔基础所承受的荷载特性复杂，基础在承受拉、压交变荷载作用的同时，也承受着较大的水平荷载作用。与其他行业基础下压稳定控制不同，通常情况下杆塔基础抗拔和抗倾覆稳定性是其设计控制条件，必须确保基础结构能承受正常施工和正常运行时可能出现的各种工况下的荷载；在偶然事件发生及发生后，仍应能保持必要的整体稳定。

(3) 施工因素。输电线路工程一般路径较长（超高压和特高压输电线路工程路径长达数百到数千千米），杆塔在地域上呈点、线分布，而线路工程沿线地形和岩土条件差异性明显，往往一条线路要包括平地、丘陵及一般山地等多种地形，多数地区没有机械设备进场道路。因此在进行输电线路基础设计时，需考虑施工机械的道路通行能力、物料运输条件和材料供应情况，确保基础施工过程的连续性和快速性，并满足施工质量的要求。

（4）环境保护。随着经济的不断发展，环境保护和水土保持对输变电工程建设的要求愈发严格。输变电工程的建设必须依法合规，其基础设计应符合国家环保、水土保持和生态环境保护相关法律法规的要求。要合理选择基础型式和设计塔位施工基面，做到少开方、少降基，减少余土和弃渣，建设生态文明，实现可持续发展。

综上所述，输变电工程基础设计和施工中需要考虑的边界条件较多。因此，输变电工程基础型式的选择，必须结合地形、岩土地质、水文条件、施工条件以及杆塔荷载加以确定，并在满足规程规范和环保、水保要求的前提下，尽可能地降低工程造价。根据国内输变电工程的建设和施工能力，结合输变电工程深基坑的工程特性，深基坑基础选型原则如下：

（1）优先选用合理的结构型式，减小基础所受的水平力和弯矩，改善基础受力状态。

（2）充分利用原状土地基承载力高、变形小的良好力学性能，因地制宜采用原状土基础型式。

（3）应注重环境保护和可持续发展战略。

（4）应注重施工的可操作性和质量的可控制性。

（5）充分考虑施工的安全风险，保障基坑施工安全。

2.3 人工挖孔桩基础的设计

人工挖孔桩基础是采用人工开挖方式成孔，然后安放钢筋笼、灌注混凝土而成的一种桩基础（见图2-1）。人工挖孔桩的基坑开挖不需要笨重的钻机进场施工，对施工道路的要求也比较低，并且挖孔桩能够通过扩底增加桩基的抗拔、抗压承载力，在荒山僻野、人烟稀少、交通不便的地区，遇到地下水埋藏比较深的粉土、黏性土或岩石类地基，人工挖孔桩将是一种特别适合输电杆塔的基础形式（见图2-2）。

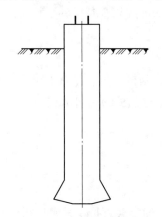 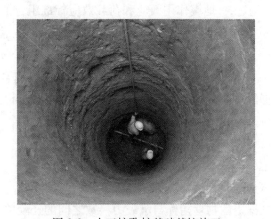

图 2-1 人工挖孔桩基础示意图　　　　图 2-2 人工挖孔桩基础基坑施工

2.3.1 人工挖孔桩基础设计方法

输变电工程人工挖孔桩基础主要采用《架空输电线路基础设计技术规程》（DL/T 5219—2014）、《建筑桩基技术规范》（JGJ 94—2008）和《混凝土结构设计规范》（GB 50010—2010）的规定进行设计，设计内容包括下压承载力、上拔承载力、水平承载力和位移及桩基本体计算等。

2.3.1.1 下压承载力计算

承受压力的人工挖孔桩，桩基竖向承载力计算应符合下列要求：

（1）荷载效应标准组合。轴心竖向力作用下

$$\gamma_f N_k \leqslant R \tag{2-1}$$

式中　γ_f——基础附加分项系数，按表 2-1 取值；

N_k——荷载效应标准组合轴心竖向力作用下，基桩或复合基桩的平均竖向力；

R——基桩或复合基桩竖向承载力特征值。

表 2-1	基础附加分项系数 γ_f			
杆塔类型	上拔稳定		倾覆稳定	上拔、下压稳定
	重力式基础	其他类型基础	各类型基础	灌注桩基础
悬垂型杆塔	0.90	1.10	1.10	0.80
耐张直线（0转角）及悬垂转角杆塔	0.95	1.30	1.30	1.00
耐张转角、终端、大跨越塔	1.10	1.60	1.60	1.25

偏心竖向力作用下，除满足式（2-1）外，尚应满足

$$\gamma_f N_{k\cdot max} \leqslant 1.2R \tag{2-2}$$

式中　$N_{k\cdot max}$——荷载效应标准组合偏心竖向力作用下，桩顶最大竖向力。

（2）地震作用效应和荷载效应标准组合。轴心竖向力作用下

$$\gamma_f N_{Ek} \leqslant 1.25R \tag{2-3}$$

式中　N_{Ek}——地震作用效应和荷载效应标准组合下，基桩或复合基桩的平均竖向力。

偏心竖向力作用下，除满足式（2-3）外，尚应满足

$$\gamma_f N_{Ek\cdot max} \leqslant 1.5R \tag{2-4}$$

式中　$N_{Ek\cdot max}$——地震作用效应和荷载效应标准组合下，基桩或复合基桩的最大竖向力。

根据静载荷试验确定基桩单桩竖向极限承载力标准值时，桩的竖向承载力设计值为

$$R_a = Q_{uk}/K \tag{2-5}$$

式中　R_a——单桩竖向承载力特征值；

Q_{uk}——单桩竖向极限承载力标准值；

K——安全系数，取 $K=2$。

当根据土的物理指标与承载力参数之间的经验关系，确定大直径单桩竖向极限承载力标准值时，宜按下列公式估算

$$Q_{uk} = Q_{sk} + Q_{pk} = u \sum \psi_{si} q_{sik} l_i + \psi_p q_{pk} A_0 \tag{2-6}$$

式中 Q_{sk} ——单桩总极限侧阻力；

        Q_{pk} ——单桩总极限端阻力；

        q_{sik} ——桩侧第 i 层土的极限侧阻力标准值，如无当地经验值时，可按《建筑桩基技术规范》（JGJ 94—2008）的相关规定取值，对于扩底桩，扩大头斜面及变截面以上 $2d$ 长度范围内不应计入桩侧阻力（d 为桩身直径）；

        q_{pk} ——桩径为 800mm 的极限端阻力标准值，对于干作业挖孔（清底干净）可采用深层载荷板试验确定；当不能进行深层载荷板试验时，可按《建筑桩基技术规范》（JGJ 94—2008）的相关规定取值；

  ψ_{si}、ψ_p ——大直径桩侧阻力、端阻力尺寸效应系数，可按表 2-2 取值；

        u ——桩身设计周长，当人工挖孔桩桩周护壁为振捣密实的混凝土时，桩身周长可按护壁外直径计算；

        l_i ——与桩侧第 i 层土对应的桩长；

        A_0 ——桩端面积。

表 2-2   **大直径灌注桩侧阻力尺寸效应系数 ψ_{si} 和端阻力尺寸效应系数 ψ_p**

土类别	黏性土、粉土	砂土、碎石类土
ψ_{si}	$(0.8/d)^{1/5}$	$(0.8/d)^{1/3}$
ψ_p	$(0.8/D)^{1/4}$	$(0.8/D)^{1/3}$

注 d 为挖孔桩基础主柱直径；D 为挖孔桩基础扩底直径，当为等直径桩时，$d=D$。

2.3.1.2 上拔承载力计算

承受上拔力的基桩，单桩呈整体破坏时基桩的抗拔承载力计算式为

$$\gamma_f T_k \leqslant T_{gk}/K + G_p \tag{2-7}$$

式中 T_k ——按荷载效应标准组合计算的单桩或基桩上拔力；

       T_{gk} ——单桩呈整体破坏时基桩的抗拔极限承载力标准值；

       G_p ——基桩自重，地下水位以下取浮重度，对于扩底桩应按表 2-3 确定桩、土柱体周长，计算桩、土自重。

承受上拔力的基桩，单桩呈非整体破坏时单桩的抗拔承载力计算式为

$$\gamma_f T_k \leqslant T_{uk}/K + G_p \tag{2-8}$$

式中 T_{uk} ——单桩呈非整体破坏时基桩的抗拔极限承载力标准值。

单桩基础的抗拔极限承载力标准值应按下列规定确定：

（1）对于设计等级为甲级和乙级的杆塔桩基，有条件时单桩或基桩的上拔极限承载力标准值应通过现场单桩上拔静载荷试验确定。单桩上拔静载荷试验及抗拔极限承载力标准值取值可按现行行业标准《电力工程基桩检测技术规程》（DL/T 5493—2014）《建筑基桩检测技术规范》（JGJ 106—2014）进行，输电线路基础上拔静载荷试验要点可按《架空输电线路基础设计技术规程》（DL/T 5219—2014）附录 K 的规定执行。

（2）如无当地经验时，群桩基础及设计等级为丙级的桩基，基础的抗拔极限承载力标准值可按下列规定计算。

单桩呈非整体破坏时，基桩的抗拔极限承载力标准值为

$$T_{uk} = \sum \lambda_i q_{sik} u_i l_i \tag{2-9}$$

式中　u_i——破坏表面桩身周长，对于等直径桩取 πd；对于扩底桩按表 2-3 取值；

　　　　λ_i——抗拔系数，按表 2-4 取值。

单桩呈整体破坏时，基桩的抗拔极限承载力标准值为

$$T_{gk} = u_L \sum \lambda_i q_{sik} l_i \tag{2-10}$$

式中　u_L——桩外围周长。

表 2-3　　　　　　　　　扩底破坏表面桩身周长 u_i 取值表　　　　　　　　（m）

自桩底起计算的长度	$\leqslant (4 \sim 10)d$	$> (4 \sim 10)d$
扩底破坏表面桩身周长 u_i	πD	πd

注　l_i 对软土取低值，对卵石、砾石取高值；l_i 取值随内摩擦角增大而增大。

表 2-4　　　　　　　　　　　　抗拔系数 λ_i 取值表

土　类	抗拔系数 λ_i
砂　土	$0.5 \sim 0.7$
黏性土、粉土	$0.7 \sim 0.8$

注　桩长 l 与桩径 d 之比小于 20 时，λ_i 取小值。

2.3.1.3　水平承载力计算

架空输电线路中杆塔的人工挖孔桩基础均为受水平力作用的单桩或桩基，受水平荷载的单桩计算应满足

$$H_{ik} \leqslant R_h \tag{2-11}$$

式中　H_{ik}——在荷载效应标准组合下，作用于第 i 基桩的水平力；

　　　　R_h——基桩水平承载力特征值，可取单桩的水平承载力特征值 R_{ha}。

对于混凝土护壁的人工挖孔桩基础，计算单桩水平承载力时，其设计桩径取护壁内直径。

桩身配筋率不小于 0.65% 的挖孔桩，可根据静载试验结果取地面处水平位移为 10mm（对于水平位移敏感的建筑物取水平位移 6mm）所对应的荷载的 75% 为单桩水平承载力特征值。当桩的水平承载力由水平位移控制，且缺少单桩水平静载试验资料时，桩身配筋率不小于 0.65% 的挖孔桩单桩水平承载力特征值可按下式估算

$$R_{ha} = 0.75 \frac{\alpha^3 EI}{v_x} x_{0a} \tag{2-12}$$

式中　R_{ha}——单桩水平承载力特征值；

　　　　α——桩的水平变形系数，可按式（2-13）确定；

EI ——桩身抗弯刚度，对于钢筋混凝土桩，$EI=0.85E_c I_0$，E_c为混凝土弹性模量；I_0为桩身换算截面惯性矩，圆形截面 $I_0=W_0 d_0/2$，其中 W_0 为桩身换算截面受拉边缘的截面模量，圆形截面时 $W_0=\dfrac{\pi d}{32}\left[d^2+2(\alpha_E-1)\rho_g d_0^2\right]$，其中 d 为桩直径，d_0 为扣除保护层厚度的桩直径，α_E 为钢筋弹性模量与混凝土弹性模量的比值；

x_{0a} ——桩顶允许水平位移；

v_x ——桩顶水平位移系数，按表 2-5 取值。

表 2-5　　　　　　　　　　桩顶（身）最大弯矩系数 v_M 和桩顶水平位移系数 v_x

桩顶约束情况	桩的换算埋深（αh）	v_M	v_x
铰接、自由	4.0	0.768	2.441
	3.5	0.750	2.502
	3.0	0.703	2.727
	2.8	0.675	2.905
	2.6	0.639	3.163
	2.4	0.601	3.526
固接	4.0	0.926	0.940
	3.5	0.934	0.970
	3.0	0.967	1.028
	2.8	0.990	1.055
	2.6	1.018	1.079
	2.4	1.045	1.095

注　1. 铰接（自由）的 v_M 系桩身的最大弯矩系数，固接的 v_M 系桩顶的最大弯矩系数。

　　2. 当 $\alpha h > 4$ 时，取 $\alpha h = 4.0$（α 为桩的水平变形系数，h 为桩的入土长度）。

受水平力作用的单桩及基桩，应按《建筑桩基技术规范》（JGJ 94—2008）中的方法计算单桩或基桩的内力和变形。

桩的水平变形系数 α 和地基土水平抗力系数可按下式确定

$$\alpha=\left(\frac{mb_0}{EI}\right)^{\frac{1}{5}} \tag{2-13}$$

式中　m——桩侧土水平抗力系数的比例系数；

　　　b_0——桩身的计算宽度，m。对圆形桩，当直径 $d\leqslant 1$m 时，$b_0=0.9(1.5d+0.5)$，当直径 $d>1$m 时，$b_0=0.9(d+1)$。

桩侧土水平抗力系数的比例系数 m 宜通过单桩水平静载试验确定，当无静载试验资料时，可按表 2-6 取值。

表 2-6 地基土水平抗力系数的比例系数 m

序号	地基土类别	灌注桩	
		m (MN/m^4)	相应单桩在地面处水平位移 (mm)
1	淤泥；淤泥质土；饱和湿陷性黄土	2.5~6	6~12
2	流塑（$I_L>1$）、软塑（$0.75<I_L\leq1$）状黏性土；$e>0.9$粉土；松散粉细砂；松散、稍密填土	6~14	4~8
3	可塑（$0.25<I_L\leq0.75$）状黏性土、湿陷性黄土；$e=0.75\sim0.9$粉土；中密填土；稍密细砂	14~35	3~6
4	硬塑（$0<I_L\leq0.25$）、坚硬（$I_L\leq0$）状黏性土、湿陷性黄土；$e<0.75$粉土；中密的中粗砂；密实老填土	35~100	2~5
5	中密、密实的砾砂、碎石类土	100~300	1.5~3

注 1. 当桩顶水平位移大于表列数值或灌注桩配筋率较高（不小于0.65%）时，m 应当降低。

2. 当水平荷载为长期或经常出现的荷载时，应将表列数值乘以 0.4 降低采用。

3. 当地基为可液化土层时，应将表列数值乘以土层液化折减系数。

4. I_L 为黏性土的液性指数，e 为孔隙电。

对于桩身配筋率小于 0.65% 的灌注桩，可取单桩水平静载试验的临界荷载的 75% 为单桩水平承载力特征值。

当缺少单桩水平静载试验资料时，估算桩身配筋率小于 0.65% 的灌注桩的单桩水平承载力特征值为

$$R_{ha}=\frac{0.75\alpha\gamma_m f_t W_0}{\upsilon_M}(1.25+22\rho_g)\left(1\pm\frac{\zeta_N N_k}{\gamma_m f_t A_n}\right) \tag{2-14}$$

式中 R_{ha}——单桩水平承载力特征值；

α——桩的水平变形系数；

γ_m——桩截面模量塑性系数；

f_t——桩身混凝土抗拉强度设计值；

υ_M——桩身最大弯矩系数；

ρ_g——桩身配筋率；

A_n——桩身换算截面积；

ζ_N——桩顶竖向力影响系数，竖向压力取 0.5，竖向拉力取 1.0；

N_k——在荷载效应标准组合下桩顶的竖向力。

2.3.1.4 基础强度计算及构造要求

挖孔桩基础还需进行下列的验算和计算：

(1) 桩身承载力及抗裂计算应按现行行业标准《建筑桩基技术规范》（JGJ 94—2008）有关规定进行。

(2) 连梁配筋按照《混凝土结构设计规范》（GB 50010—2010）计算。

2.3.2 人工挖孔桩基础设计原则

（1）人工挖孔桩基础埋深一般不宜小于 6m，长径比 l/D（l 为桩长，D 为扩底直径）一般不小于 3。

（2）人工挖孔桩的孔径（不含护壁）不得小于 0.8m，且不宜大于 2.5m；采用人工开挖成孔时，桩径还应考虑施工人员操作要求，孔径直径不宜小于 1.0m，孔深不宜大于 15m；采用洛阳铲成孔时，孔径不宜超过 2.0m。可不扩底或人工扩底，若人工扩底，扩底施工时应采取安全可靠的防护措施。一般扩底尺寸从立柱边缘向外不宜超过 1.0m，对于湿陷性黄土地区，扩底尺寸应适当减小。

（3）桩端设扩大头时，计算上拔承载力时，扩大头影响高度宜取 $4d$（d 为桩身直径）；计算下压承载力时，扩大头斜面及变截面以上 $2d$ 长度范围内不应计入桩侧阻力，当扩底桩桩长小于 6.0m 时，不宜计入桩侧阻力。

（4）挖孔桩基础的计算保护距离（计算埋深及计算外露高度的起算点距桩心距离）取 2.5 倍桩径，扩底时同时应满足不小于 $1.5D$ 的要求。

（5）基础中心间距一般不小于其设计直径的 3 倍，对挖孔扩底基础，同时要求中心间距不小于 $1.5D$（当 $D \leqslant 2.0m$ 时，D 为扩大端设计直径）或 $D+1$（当 $D>2.0m$ 时）。

（6）基础本体的计算按照《建筑桩基技术规范》（JGJ 94—2008）、《混凝土结构设计规范》（GB 50010—2010）相关条文执行。

（7）当挖孔桩基础扩底时，应考虑扩底对基础承载力的影响：①扩底端直径与桩身直径比 D/d，应根据承载力要求及扩底端部侧面和桩端持力层土性确定，最大不超过 3.0；②扩底端侧面的斜率应根据实际成孔及支护条件确定，坡高比一般取 $1/4 \sim 1/2$，砂土取约 1/4，粉土、黏性土取 $1/3 \sim 1/2$。

（8）桩长按 0.5m 级差进行设计，计算悬臂高度宜取 0.5m 的倍数。

（9）主筋保护层厚度，在无地下水、有护壁时不应小于 35mm，有地下水、无护壁时不应小于 50mm。

（10）挖孔桩桩身混凝土的强度等级不应低于 C25；护壁混凝土强度等级不宜低于桩身混凝土的强度等级。

（11）根据岩土地质条件，人工挖孔桩基础应设置护壁。

2.3.3 人工挖孔桩基础护壁设计原则

考虑到开挖人员需要坑中作业及施工安全，人工挖孔桩基坑应设计护壁，护壁厚度推荐按基础主柱直径分级设计。具体取值建议值见表 2-7 和表 2-8。混凝土护壁结构如图 2-3 所示。

表 2-7　　　　　　　　　　　　　人工挖孔施工时护壁深度取值表

岩土分类	特性	推荐护壁深度值
黏性土	可塑状态	全护，至硬塑或坚硬状态止
	硬塑状态	坑口 3m
	坚硬状态	坑口 2m

续表

岩土分类	特性	推荐护壁深度值
一般粉土	中密	全护
	密实	全护
黄土（黏性土）	可塑状态	埋深 1/3（不小于 4m），至硬塑状态止
	硬塑状态	坑口 3m
黄土（粉土）	稍密	坑口 5m，至中密状态止
	中密、密实	坑口 3m
岩石	软质岩石	护至中风化层止
	硬质岩石	护至强风化层止

表 2-8   护壁厚度取值表

基础主柱直径 d(m)	建议护壁厚度（mm）	备注
$d \leqslant 1.5$	100	护壁厚度值仅针对常规地质及地面荷载情况，特殊情况应进行校验
$1.5 < d < 2.5$	150	
$2.5 \leqslant d < 4.0$	200	

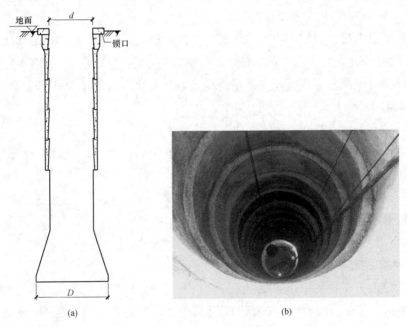

图 2-3 混凝土护壁结构

（a）混凝土护壁结构设计图；（b）混凝土护壁结构实例图

护壁一般规定如下：

（1）挖孔桩基础混凝土护壁的厚度应不小于 100mm，且应配置直径不小于 8mm 的 HPB300 级环形和竖向构造钢筋。钢筋的水平和竖向间距不宜大于 200mm，钢筋应设于护壁混凝土中间，竖向钢筋应上下搭接或焊接。

（2）第一节井圈护壁顶面应比场地高出 100～150mm，第一节井圈的壁厚应比下面井壁厚度增加 100～150mm，并按规定配置构造钢筋，上下节护壁搭接长度不得小于 50mm。

（3）人工挖孔桩桩身混凝土的强度等级不应低于 C25，护壁混凝土强度等级与桩身混凝土强度等级。

（4）混凝土护壁必须在基础成孔时边挖掘边制作，坑孔向下分节施工，每挖好一节后随即浇筑一节混凝土护壁；上节护壁混凝土强度大于 3.0MPa 后，方可进行下一段的基坑开挖（如遇土质特殊情况时应另行处理）。为了保证基坑的垂直度，每浇灌完三节护壁应校核中心位置及垂直度一次。

（5）当采用预制护壁施工时，预制护壁壁板的混凝土强度应不低于 C30，并确保安装壁板接缝处混凝土密实不渗水。

2.4　掏挖基础的设计

掏挖基础是指先将钢筋骨架放置于掏挖成的土胎内，然后灌注混凝土而形成的基础体（见图 2-4 和图 2-5）。掏挖基础是以天然土为抗拔土体保持基础的上拔稳定，属于原状土基础。掏挖基础适用于施工掏挖和浇筑混凝土时无水渗入基坑的可塑、硬塑黏性土、密实且稍湿的砂土、极软岩及软质岩石岩土条件下。掏挖基础能充分发挥原状土的特性，不仅具有良好的抗拔性能，而且具有较大的横向承载力，具有节省材料、无须模板和回填、施工速度快以及工程造价低等优点。

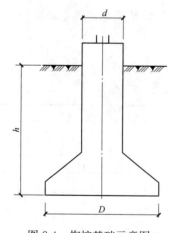

图 2-4　掏挖基础示意图

图 2-5　掏挖基础实例图

2.4.1　掏挖基础设计方法

掏挖基础设计内容包括上拔稳定、下压稳定、倾覆稳定和基础本体强度设计。

2.4.1.1　掏挖基础上拔稳定性计算

掏挖基础上拔稳定性计算是采用基于极限状态分析原理的原状土基础抗拔"剪切法"，其计算模型如图 2-6 所示。"剪切法"适用于以下条件：

（1）基础埋深与圆形底板直径之比（h_t/D）不大于 4 的非松散砂类土；

（2）基础埋深与圆形底板直径之比（h_t/D）不大于 3.5 的黏性土。

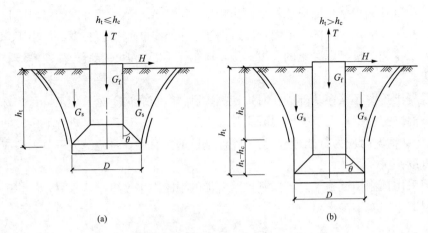

图 2-6　"剪切法"计算上拔稳定性示意图

(a) 类型 1；(b) 类型 2

基础极限抗拔承载力由基础混凝土自重、抗拔土体圆弧滑动面内抗拔土体重量以及滑动面上剪切阻力的垂直分量三部分组成。

由上述分析可知，掏挖基础"剪切法"计算上拔稳定性有

$$\gamma_f T \leqslant \gamma_E \gamma_\theta R_T \tag{2-15}$$

式中　γ_f——基础附加分项系数；

γ_θ——基底展开角影响系数，当 $\theta > 45°$ 时取 $\gamma_\theta = 1.2$，当 $\theta \leqslant 45°$ 时取 $\gamma_\theta = 1.0$；

γ_E——水平力影响系数，根据水平力 H_E 与上拔力 T_E 的比值确定（见表 2-9）；

T——基础上拔力设计值，kN；

R_T——基础单向抗拔承载力设计值，kN。

表 2-9　　　　　　　　　　　　水平力影响系数 γ_E

水平力 H_E 与上拔力 T_E 的比值	水平力影响系数 γ_E
0.15～0.40	1.00～0.90
0.40～0.70	0.90～0.80
0.70～1.00	0.80～0.75

当 $h_t \leqslant h_c$ 时，有

$$R_T = \frac{A_1 c h_t^2 + A_2 \gamma_s h_t^3 + \gamma_s (A_3 h_t^3 - V_0)}{2} + G_f \tag{2-16}$$

当 $h_t > h_c$ 时，有

$$R_T = \frac{A_1 c h_c^2 + A_2 \gamma_s h_c^3 + \gamma_s (A_3 h_c^3 + \Delta V - V_0)}{2} + G_f \tag{2-17}$$

式中　　　γ_s——基础底面以上土的加权平均重度，kN/m³；

A_1、A_2、A_3——无因次系数，由抗拔土体滑动面形态、内摩擦角 φ 和基础深径比 $\lambda(h_t/D)$ 确定；

c——按饱和不排水剪或相当于饱和不排水剪方法确定的黏聚力，kPa；

h_t——基础上拔临界深度，m；

h_c——基础上拔埋置深度，m，见图 2-6，按表 2-10 确定；

ΔV——（$h_t - h_c$）范围内柱状滑动面体积，m³；

V_0——h_t 深度范围内基础体积，m³；

G_f——基础自重力，kN。

表 2-10   剪切法基础上拔临界深度 h_c （m）

土的名称	土的状态	基础上拔临界深度 h_c
碎石、粗、中砂	密实～稍密	$4.0D \sim 3.0D$
细、粉砂、粉土	密实～稍密	$3.0D \sim 2.5D$
黏性土	坚硬～可塑	$3.5D \sim 2.5D$
	可塑～软塑	$2.5D \sim 1.5D$

注　计算上拔时的临界深度 h_c，即为土体整体破坏的计算深度。表中 D 为扩底直径。

2.4.1.2　基础抗倾覆及下压计算

1. 基底弯矩计算

（1）掏挖基础刚性柱的判定：掏挖基础基柱一般满足刚性条件，如不满足，则应按人工挖孔扩底桩的相关规定进行计算分析。

刚性基柱应根据式（2-18）和式（2-19）进行判定

$$l \leqslant 2.5/\alpha \tag{2-18}$$

$$\alpha = \left(\frac{md_0}{EI}\right)^{\frac{1}{5}} \tag{2-19}$$

式中　l——基柱的入土深度，m；

α——柱的水平变形系数，m⁻¹；

d_0——柱体直径，m；

EI——基柱抗弯刚度，kPa，悬垂型杆塔时取 $EI = 0.8E_cI$，非悬垂型杆塔时取 $EI = 0.667E_cI$，E_c 为混凝土的弹性模量，kPa，I 为截面的惯性矩，m⁴；

m——地基土水平抗力系数的比例系数。

（2）刚性柱弯矩计算。基于"M"法（即 Matlock 法，其将土体视为弹性变形介质，其水平抗力系数随深度线性增加，地面处为零。对于低承台桩基，在计算时假定桩顶标高处的水平抗力系数为零并随深度增长），可得原状土掏挖基础任一截面弯矩 M_x

$$M_x = H_e e + H_e x - d\omega \frac{mx^3}{12}(2x_A - x) \tag{2-20}$$

式中　H_e——作用于基础顶面的横向合力，由式（2-21）计算；

x_A——基础旋转中心到地面的距离，由式（2-22）计算；

ω——基础绕旋转中心转角，由式（2-23）计算；

e——露头高度；

x ——基柱任一截面弯矩计算时所在截面距离地面的深度。

$$H_e = \sqrt{N_x^2 + N_y^2}$$ (2-21)

式中　N_x、N_y ——作用于基础顶面 x、y 方向的横向分力。

$$x_A = \frac{mdH^3(4H_e e + 3H_e H) + 6C_0 H_e DW}{2mdH^2(3H_e e + 2H_e H)}$$ (2-22)

式中　H ——基础埋深，m；

d ——立柱的计算直径，m，当 $d_0 \leqslant 1.0$m 时，取 $d = 0.9(1.5d_0 + 0.5)$；当 $d_0 > 1.0$m 时，取 $d = 0.9(d_0 + 1.0)$；

m ——地基土水平抗力系数的比例系数，kN/m^4；

C_0 ——基础底面地基土竖向抗力系数，kN/m^3，$C_0 = mH$；

D ——基础扩底直径，m；

W ——扩底端截面抵抗矩，m^3。

基础的旋转角

$$\omega = \frac{12(3H_e e + 2H_e H)}{mdH^4 + 18c_0 WD}$$ (2-23)

将 $x = H$ 代入式（2-20），即得原状土掏挖基础基础底面弯矩 M_h

$$M_h = H_e e + H_e H - d\omega \frac{mH^3}{12}(2x_A - H)$$ (2-24)

2. 地基下压力计算

偏心荷载作用下，基础底面平均压力 P 及基础底面边缘最大压力 P_{max} 应符合下列要求

$$\begin{cases} P \leqslant f_a/\gamma_{rf} \\ P_{max} \leqslant 1.2f_a/\gamma_{rf} \end{cases}$$ (2-25)

式中　f_a ——修正后的地基承载力特征值；

γ_{rf} ——地基承载力调整系数，取 0.75；

P、P_{max} ——基础底面平均压力，kPa、基础底面边缘最大压力，kPa。

针对掏挖基础的圆形底板基础底面压力计算，当不考虑侧向土抗力时，圆形底板基础底面的压力计算。

当轴心荷载作用时，可按下式计算确定

$$P = \frac{F + \gamma_G G}{A}$$ (2-26)

式中　F ——上部结构传至基础底面的竖向压力设计值，kN；

G ——基础自重和基础上部土重，kN；

A ——基础底面面积，m^2；

γ_G ——永久荷载分项系数，对基础有利时取 1.0，对基础不利时取 1.2。

当单向偏心荷载作用时，可按式（2-27）和式（2-28）计算确定

$$P_{max} = \frac{F + \gamma_G G}{A} + \frac{M_h}{W}$$ (2-27)

$$P_{\min} = \frac{F + \gamma_{\mathrm{G}} G}{A} - \frac{M_{\mathrm{h}}}{W} \qquad\qquad (2\text{-}28)$$

式中　M_{h}——作用于基础底面的弯矩设计值，kN·m；

　　　W——基础底面对垂直力矩方向的形心轴的抵抗距，m³；

　　　$P_{\min}$——基础底面边缘最小压力，kPa；

　　　$P_{\max}$——基础底面边缘最大压力，kPa。

当 $P_{\min} \leqslant 0$ 时，$P_{\max}$ 计算式为

$$P_{\max} = \frac{F + \gamma_{\mathrm{G}} G}{A} m_{\mathrm{a}} \qquad\qquad (2\text{-}29)$$

式中　m_{a}——与偏心距 e_0 和直径 D 有关的系数。

2.4.2　掏挖基础设计原则

（1）对于存在多层土质的地基，在计算上拔力及土抗力时，应综合考虑地质参数，保证基础的安全可靠，地基承载力取基础底面所在土层参数。

（2）基础表面扰动土体的厚度统一取 0.3m。为便于人工掏挖，基柱直径不应小于 0.8m；为确保施工中人身安全，扩底直径不宜大于基柱直径的 3 倍，基础埋深不宜大于基柱直径的 4 倍。

（3）掏挖基础基底开展脚 θ 应满足 $\theta \leqslant 45°$ 的要求；对于粉土和黏性土，扩底端侧面的斜率不宜大于 1。

（4）掏挖基础可采用机械成孔或人挖成孔。掏挖基础采用旋挖钻机成孔时，钻孔直径不超过 2.0m，级差 0.2m，扩底直径不大于主柱直径的 2 倍；掏挖基础采用洛阳铲成孔时，直径不宜超过 2.0m，建议扩底尺寸从立柱边缘向外不宜超过 1.0m，对于湿陷性黄土地区，扩底尺寸应适当减小；掏挖基础人挖成孔时，主柱直径不宜大于 2.5m，建议扩底尺寸从立柱边缘向外不宜超过 1.0m，对于岩石地基、湿陷性黄土地区，扩底尺寸应适当减小。

（5）掏挖基础机械成孔时不考虑护壁；人工成孔时应设计护壁，护壁一般从地面开始设置，具体深度建议值与人工挖孔桩基础相同。

（6）护壁的混凝土强度等级不低于基础本体。护壁设置深度建议值与上节中挖孔桩基础的要求一致。

2.5　大开挖基础的设计

大开挖基础施工简便，是输电线路工程设计中最常用的基础型式之一，岩土地质条件适用性广。这类基础系指埋置于预先挖好的基坑内并将回填土夯实的基础，它以夯实的扰动回填土构成抗拔土体以保持基础的上拔稳定，仅立柱配置钢筋或立柱和底板内均配置受力钢筋。常见的大开挖基础主要有柔性基础、刚性基础、联合式基础以及装配式基础。一般大开挖基础埋深不超过 5m，但杆塔基础荷载较大时，基坑底板尺寸较大，且在有地下水或基坑岩土地质条件较差时，基坑施工风险较高。因此，大开挖基础也与基坑安全施工紧密相关，也有必要对其设计进行介绍。

目前，输电线路工程中常用的大开挖基础主要有刚性基础和柔性扩展基础两种，其中以柔性

扩展基础最为常见，因此本小节主要针对柔性扩展基础的设计展开介绍。根据外形特征，柔性扩展基础可以分为斜截面直柱板式基础、斜截面斜柱板式基础、直柱板式基础、斜柱板基础和联合大板基础等（见图 2-7 和图 2-8）。

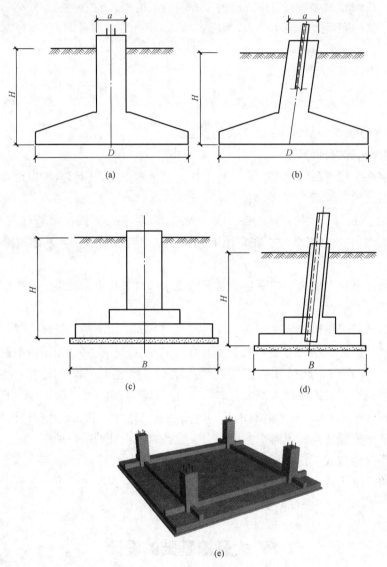

(a)　　　　　　　　　　　　(b)

(c)　　　　　　　　　　　　(d)

(e)

图 2-7　柔性扩展基础示意图

（a）斜截面直柱板式基础；（b）斜截面斜柱板式基础；（c）直柱板式基础；

（d）斜柱板式基础；（e）联合大板基础

2.5.1 大开挖基础设计方法

大开挖基础设计内容包括上拔稳定、下压稳定、侧向稳定等的设计（大开挖板式基础一般为方形底板，本书仅对方形底板的计算进行说明）。

2.5.1.1 上拔稳定计算

上拔稳定性计算中，柔性基础顶部受竖向上拔力和对应水平力共同作用，基础抗拔承载

图 2-8 大开挖基础施工现场

力参考《架空输电线路基础设计技术规程》（DL/T 5219—2014）土重法计算，计算公式为

$$\gamma_f T_E \leqslant \gamma_E \gamma_s \gamma_{\theta 1}(V_t - \Delta V_t - V_0) + G_f \tag{2-30}$$

式中　γ_f——基础附加分项系数；

　　　T_E——基础上拔力设计值；

　　　γ_E——水平力影响系数；

　　　γ_s——基础底面以上土的加权平均重度；

　　　$\gamma_{\theta 1}$——基础底板上平面坡角影响系数；

　　　V_t——h_t 深度内土和基础的体积；

　　　ΔV_t——相邻基础影响的微体积；

　　　V_0——h_t 深度内基础的体积；

　　　Q_f——基础自重力。

（1）当 $h_t \leqslant h_c$ 时，对于方形底板，有

$$V_t = h_t \left(B^2 + 2Bh_t \tan\alpha + \frac{4}{3} h_t^2 \tan^2\alpha \right) \tag{2-31}$$

式中　α——上拔角，按表 2-11 取值；

　　　h_t——基础的上拔埋置深度。

表 2-11　　　　　　　　　　　　　　土重度和上拔角

参数	黏土及粉质黏土			粉　　土			砂　　土			
	坚硬、硬塑	可塑	软塑	密实	中密	稍密	砾砂	粗、中砂	细砂	粉砂
重度 γ_s (kN/m³)	17	16	15	17	16	15	19	17	16	15
上拔角 α(°)	25	20	10	25	20	10~15	30	28	26	22

注　位于地下水以下时，重度值取浮重度，上拔角仍可按本表取值。对于稍密粉土的上拔角，当有工程经验时，可适当提高。

土重法计算上拔稳定如图 2-9 所示。

（2）当 $h_t \leqslant h_c$ 时，对于方形底板，有

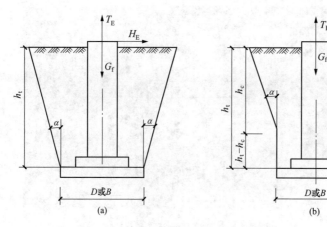

图 2-9 土重法计算上拔稳定

（a）$h_t \leqslant h_c$ 时；（b）$h_t > h_c$ 时

$$V_t = h_c\left(B^2 + 2Bh_c\tan\alpha + \frac{4}{3}h_c^2\tan^2\alpha\right) + B^2(h_t - h_c) \qquad (2\text{-}32)$$

式中 h_c——基础上拔临界深度，按表 2-12 取值。

表 2-12 　　　　　　　　　　　　土重法临界深度 h_c 　　　　　　　　　　　　（m）

土的名称	土的天然状态	方形底基础上拔临界深度 h_c
砂类土、粉土	密实～稍密	3.0B
黏性土	坚硬～硬塑	2.5B
	可塑	2.0B
	软塑	1.5B

注 土体状态按天然状态确定。

（3）尺寸相同的相邻基础，同时作用设计上拔力时，当采用了如图 2-10 所示的计算简图，并按式（2-30）计算上拔稳定时，正方形底板的大开挖基础 ΔV_t 应按下述条件确定

$$\Delta V_t = \frac{(B + 2h_t\tan\alpha - L)^2}{24\tan\alpha}(2B + L + 4h_t\tan\alpha) \qquad (2\text{-}33)$$

式中 L——相邻基础主柱间的水平距离。

2.5.1.2 下压稳定计算

下压稳定性计算中，柔性基础顶部受竖向下压力和对应水平力共同作用，基础下压承载力计算参考《架空输电线路基础设计技术规程》（DL/T 5219—2014）。

（1）基础底面的压力在轴心荷载作用下的基础底面平均压力 P 和偏心荷载作用下基础底面边缘处最大压力 P_{max} 应符合

$$\begin{cases} P \leqslant f_a/\gamma_{rf} \\ P_{max} \leqslant 1.2f_a/\gamma_{rf} \end{cases} \qquad (2\text{-}34)$$

式中 f_a——修正后的地基承载力特征值；

　　　γ_{rf}——地基承载力调整系数；

P、P_{max}——基础底面平均压力，kPa，基础底面边缘最大压力，kPa。

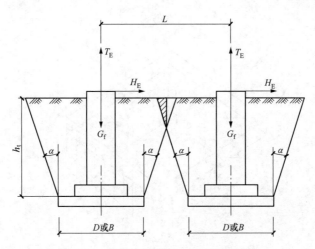

图 2-10 相邻上拔基础土重法计算简图

（2）基础底面的压力，当轴心荷载作用时，可按式（2-35）计算确定

$$P = \frac{F + \gamma_G G}{A} \qquad (2-35)$$

式中 F ——上部结构传至基础底面的竖向压力设计值，kN；

G ——基础自重和基础上的土重，kN；

A ——基础底面面积，m^2；

γ_G ——永久荷载分项系数，对基础有利时取 1.0，对基础不利时取 1.2。

（3）基础底面的压力，当偏心荷载作用时，可按式（2-36）和式（2-37）计算确定

$$P_{max} = \frac{F + \gamma_G G}{A} + \frac{M_x}{W_y} + \frac{M_y}{W_x} \qquad (2-36)$$

$$P_{min} = \frac{F + \gamma_G G}{A} - \frac{M_x}{W_y} - \frac{M_y}{W_x} \qquad (2-37)$$

式中 M_x、M_y ——作用于基础底面的 x 和 y 方向的力矩设计值，kN·m；

W_x、W_y ——基础底面绕 x 和 y 轴的抵抗距，m^3；

P_{min} ——基础底面边缘最小压力，kPa。

当 $P_{min} \leqslant 0$ 时，P_{max} 可按式（2-38）计算（见图 2-11）。

$$P_{max} = 0.35 \frac{F + \gamma_G G}{C_x C_y} \qquad (2-38)$$

$$C_x = \frac{b}{2} - \frac{M_x}{F + \gamma_G G} \qquad (2-39)$$

$$C_y = \frac{l}{2} - \frac{M_y}{F + \gamma_G G} \qquad (2-40)$$

式中 b、l ——基础底面的 x 和 y 方向的边长，m。

（4）地基承载力特征值应由荷载试验或其他原位测试、计算，并结合工程实践经验等方法综合确定，当无试验资料时，未修正的地基承载力特征值 f_{ak} 也可以参考《架空输电线路基础设计技术规程》（DL/T 5219—2014）中推荐参数计算。地基承载力特征值的修订应符

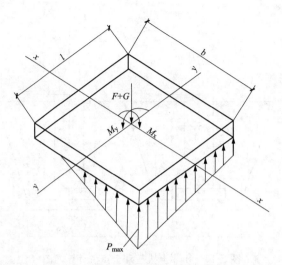

图 2-11 双向偏心荷载作用示意图

合现行国家标准《建筑地基基础设计规范》（GB 50007—2011）的有关规定。

当地基受力范围内有软弱下卧层时，正方形底板的大开挖基础应按下列公式计算

$$p_z + p_{cz} \leqslant \frac{f_a}{\gamma_{rf}} \tag{2-41}$$

$$p_z = \frac{B^2(p - p_c)}{(B + 2Z\tan\theta)^2} \tag{2-42}$$

式中 p_z ——软弱下卧层顶面处的附加压力值，kPa；

　　　p_{cz} ——软弱下卧层顶面处土的自重压力，kPa；

　　　P_c ——基础底面处土的自重压力值，kPa；

　　　Z ——基础底面至软弱下卧层顶面的距离，m；

　　　θ ——地基压力扩散线与垂直线的夹角，（°），可按表 2-13 取值。

两相邻受压基础的中心距离 $L < b + 2Z\tan\theta$ 或 $L < l + 2Z\tan\theta$ 时，软弱下卧层顶面处的附加应力 p_z 尚应加上相邻基础对该层的附加压应力。

表 2-13　　　　　　　　　　地基压应力扩散线与垂直线的夹角 θ

E_{s1}/E_{s2}	Z/b	
	0.25	0.50
3	6°	23°
5	10°	25°
10	20°	30°

注　E_{s1} 为上层土压缩模量；E_{s2} 为下层土压缩模量。

2.5.1.3　侧向稳定计算

柔性基础侧向倾覆和侧向滑动稳定计算分别参考《架空输电线路基础设计技术规程》（DL/T 5219—2014）相应公式。

2.5.2 大开挖基础设计原则

（1）当大开挖基础底板为台阶式时，要求台阶的宽高比不小于 1.0 且不宜大于 2.5；当其底板为锥台型时，要求基础边缘高度不宜小于 200mm，且两个方向的坡度不宜大于1∶3。

（2）建议按照回填土的上拔角、容重等参数计算上拔土体重量，回填土的上拔角和土容重参照规范规定取值。

（3）合理的选择地基持力层，地基承载力取基础底面所在土层参数。

（4）位于地下水位以下的基础重度和土体重度应按浮重度计算。

（5）当采用插入式角钢斜柱基础时，角钢插入基础中的长度应不小于角钢锚固长度。

3 挖孔基础施工

本章主要介绍人工挖孔桩基础和掏挖基础两种挖孔基础施工型式。这两种基础型式在结构上较为相似（不同点有人工挖孔桩基础一般比掏挖基础更深，掏挖基础扩底尺寸比人工挖孔桩基础扩底尺寸大），两者施工方法基本相同。

3.1 施 工 准 备

3.1.1 人员准备

（1）作业人员应熟悉施工图纸、验收规范和技术、安全、质量要求。

（2）作业人员应经相应的安全生产教育和岗位技能培训、考试合格，掌握本岗位所需的安全生产知识、安全作业技能和紧急救护法。

（3）全体作业人员应接受施工安全技术交底。

（4）特种作业人员（电工作业、焊接作业、起重机械作业、爆破作业等）必须持证上岗。

（5）作业人员应严格遵守现场安全作业规程，服从管理，正确使用安全工器具和个人安全防护用品。

（6）作业班组主要人员配置见表 3-1。

表 3-1　　　　　　　　　　　人员配置表

序号	工种	职　责
1	班长兼指挥	全面负责基础施工的组织、协调、现场指挥等
2	安全员	负责安全监护，负责现场消防设施、电气机械设备的日常安全检查
3	技术兼质检员	负责施工过程中各工序的质量技术措施的执行和技术数据复核，配合施工负责人指导现场施工作业
4	测工	负责基础施工测量、复核
5	钢筋工	负责加工基础钢筋，钢筋笼的制作、绑扎、安装
6	模板工	负责基础模板的组装、拆卸和基础养护等工作
7	电工	负责施工电源、开关及线路的操作、检查及维护
8	机械操作工	负责施工机械的操作、维护和保养
9	掏挖工	负责基坑开挖、护壁施工
10	搅拌工	负责混凝土上料、搅拌、浇筑、振捣、养护

3.1.2 材料准备

（1）核实基础原材料及地脚螺栓等物的规格型号及数量是否符合图纸要求。

（2）所有原材料的检验必须按规范要求见证取样并送检，不合格的严禁使用。

（3）原材料应按施工总平面布置规定的地点进行堆放，堆放场地应平坦、不积水，应设置支垫，并做好防潮、防火措施。

（4）原材料质量必须符合下列规定：

1）有该批产品出厂质量检验合格证书。

2）有符合国家现行标准的各项质量检验资料。

3）原材料应抽样并经有检验资格的单位检验，合格后方可采用。

4）对产品检验结果有疑义时，应重新抽样，并经有资格的检验单位检验，合格后方可采用。

（5）材料的堆放：

1）砂石堆放应避开雨水或积水冲刷处，堆放场地底部应铺上塑料雨布等隔离，以防混入泥土。施工结束后，场地应清理干净。

2）水泥露天堆放时，应选择较高地势，并在地面铺设垫板，垫板高度不得小于200mm，垫板上用彩条布铺垫后堆放，垫板上不得积水，四周设排水明沟；堆放层数宜控制在10层以内，水泥堆垛必须用雨布盖严以避免因雨露侵入而使水泥受潮。

3）钢筋应妥善保管，以防丢失或因保管不善而严重锈蚀。

3.1.3 机具准备

（1）施工现场除常规测量仪器、机械设备外，还应确保配备足够数量的消防设施和安全工器具；深基坑开挖则应配备气体检测仪、软梯、安全绳、挡板、硬质围栏、坑口盖板、警示标志等。

（2）施工工器具、机械设备及安全工器具在使用前应进行检查，检查合格后方可投入使用。

（3）检查所用的测量仪器、仪表及计量器具是否在有效检定期内；对使用的GPS、全站仪、经纬仪、钢卷尺、塔尺、游标卡尺等测量工具，必须在使用前进行检验校正，符合精度要求且有检定合格证才能使用。

（4）主要机具配置要求：

1）提土装置应牢固可靠，建议采用电动或手摇提升机，不建议采用三脚架式简易支撑装置，提升机应配重或用锚桩固定，并配备有限位装置。

2）爬梯需固定在锚桩或其他牢固的构件上。

3）现场应配置鼓风机，风速不小于25L/s。

主要机具配置见表3-2。

表 3-2　　　　　　　　　　　　　　　主要机具配置表

序	名　　称	单位	备　　注
一	通信		
1	对讲机	台	
二	测量		
1	经纬仪	台	
2	GPS	台	选配
3	钢卷尺	把	
4	塔尺	把	
5	游标卡尺	把	
三	安全防护用具		
1	安全帽	顶	
2	安全带	条	
3	爬梯	副	
4	锚桩	根	固定爬梯用
5	速差自控器	套	
6	气体检测仪	台	
7	鼓风机	台	
8	安全围栏	套	
9	孔洞盖板	套	
四	挖掘开方		
1	提升机	套	
2	空压机	台	
3	凿岩机	台	岩石地质
4	发电机	台	
五	支模		
1	模板	套	
六	接腿部件安装及浇筑		
1	"井"字架	套	
2	搅拌机	台	
3	振捣器	台	
4	坍落度筒	个	
5	试块盒	组	

3.1.4　现场准备

（1）施工现场布置要整洁有序，运输通道应平整、畅通，松软通道应采取铺垫钢板等措施。

（2）分坑放样后，应及时在施工区域布置警示遮栏。施工现场应根据情况设置施工进出通道，入口处按规定设置安全警示标示。

3.2 施工作业流程

3.2.1 工艺流程图

挖孔基础施工流程如图 3-1 所示。

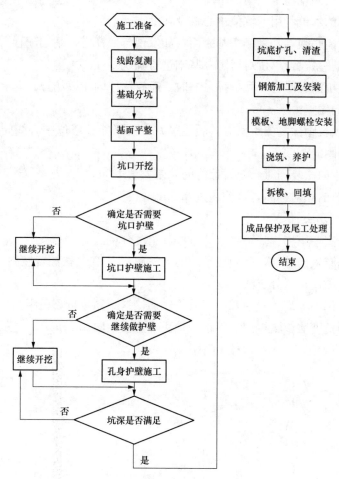

图 3-1 挖孔基础施工流程图

3.2.2 线路复测

线路复测应确认设计单位提供的资料与现场是否相符，设计标桩是否丢失或移动，为基础施工作好准备。

（1）按设计单位提供的平、断面图，校核现场桩位是否与设计相符。

（2）校核直线和转角度、杆塔位档距和高差、交叉跨越位置和标高以及风偏影响点。

（3）对杆塔位进行全面校核，最终确认杆塔位是否可行，为分坑提供资料。

（4）校核塔位的边坡稳定。

3.2.3 基础分坑

基础分坑主要是为了确定基础每条腿的中心位置和坑口宽度。

3.2.3.1　分坑前的准备

（1）分坑前应编制分坑尺寸明细表。该表内容包括杆塔型式、基础根开（正面、侧面）、基础对角线（包括基坑远点、近点、中心点）及坑口尺寸等项目。

（2）分坑前，对本基的前后桩直线或转角进行再一次的复核，以防有误。分坑过程中，应做好分坑记录和绘制现场平、断面草图。

（3）准备合格的木桩，用于坑位中心桩及辅助桩。

（4）基础分坑前必须逐基复测塔基断面，如发现与《杆塔及基础配置图》所示塔基断面不相符时，应及时联系设计单位对塔腿及基础进行确认。

（5）复测、分坑测量时有下列情况之一时，应查明原因予以纠正：

1）横线路方向偏差大于 50mm；

2）采用经纬仪视距法复测距离时，顺线路方向两相邻杆塔位中心线间的距离与设计值的偏差大于设计档距的 1%；

3）转角桩用方向法复测时，对设计值的偏差大于 $1'30''$；

4）相邻杆塔位的相对标高，偏差超过 0.5m。

3.2.3.2　分坑方法

（1）分坑方法主要采用"井"字形分坑法、角度分坑法。

（2）对于平腿布置的基础，采用拉平距的方法钉立基坑中心桩，控制方法可采用"井"字形分坑法，也可采用角度分坑法。

（3）对于全方位不等高布置的基础，采用经纬仪斜距测量折算平距的方法钉立基坑中心桩和控制桩，采用角度法单腿控制。斜距测量法示意图如图 3-2 所示。斜距测量折算平距的方法为：平距 $D=$ 斜距 $L\times\cos\theta$，$H=$ 斜距 $L\times\sin\theta$。

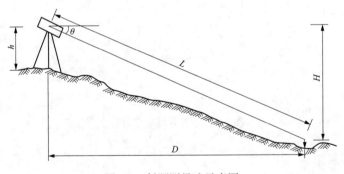

图 3-2　斜距测量法示意图

注意事项：由于仪高 h 值测量精度有限，故 H 值只能在同一次施仪前提下，腿与腿之间的比较值才是准确的。

（4）"井"字形分坑法：采用"井"字形分坑法时，铁塔必须无减腿设计。"井"字形分坑法示意图如图 3-3 所示。

（5）角度分坑法：角度分坑法可适用于任何基础，其示意图如图 3-4 所示。

3.2.4　基面平整

基面平整主要是将塔位基面及附近的浮土及杂物清理干净，预留出基础开挖的平台。

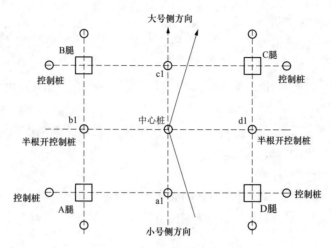

图 3-3 "井"字形分坑法示意图

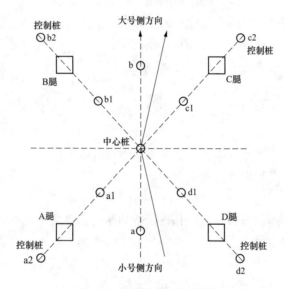

图 3-4 角度分坑法示意图

（1）基础顶面在自然地面以上时，可不进行平降基，只有基础立柱顶面低于自然地面时，才做各腿局部降基。

（2）基面平整时，应本着"环境友好、文明施工"的原则，避免不必要的塔基面开方，并尽可能地减少基面开方或不开方，以利于保护植被、防止水土流失。

（3）平整过程中要注意将表面的熟土与下部的生土分开堆放，施工完成后将熟土重新回填。在山坡施工时，应首先在坡下设置挡板，以防土石顺坡滚落。

（4）塔位降基时，土方尽可能集中堆放，应尽可能保护塔周围的植被。

（5）平整后的塔位若中心桩丢失，则根据副桩补钉塔位中心桩并根据引出的标高测量出新中心桩的标高，然后再检查新中心桩是否在线路中心线上，以防在平基时副桩误动产生偏移。

3.2.5　基坑开挖

3.2.5.1　基坑开挖方法

(1) 基坑开挖一般采用人工掏挖或机械开挖的方式，本节主要介绍人工掏挖的施工方法。

(2) 针对强风化岩石或片状岩石的地质，可采用人工掏挖结合凿岩机等机械设备的方法进行基坑的开挖工作。

(3) 对于较硬的中等及微风化岩石等，无法采用人工及机械掏挖时，可采用爆破的方法。基坑爆破应采用松动爆破的方式。

3.2.5.2　基坑开挖顺序

(1) 基坑开挖前，应核对设计图纸，明确是否需要制作护壁。

(2) 基坑开挖采用分层分段、自上而下的方法。挖孔施工时，必须找正基坑中心，保证挖孔垂直度。

(3) 基坑开挖应设专人指挥，并严格遵循"严禁超挖""深基坑、慢开挖"的原则。当挖至标高接近坑底标高时，边操平边配合人工清孔，防止超挖。

(4) 应根据确认的孔口开挖尺寸线及基础尺寸开挖，开挖过程中每挖 0.5m，在坑中心吊一垂球检查坑位及主柱直径，保证成孔垂直度，以防超过开挖线，破坏地质结构。

3.2.5.3　开挖前的准备工作

(1) 基坑开挖前应做好对塔位中心桩的保护措施。对于施工中不便于保留的中心桩，应在基础外围设置辅助桩，保留原始记录。基础浇筑完成后，应及时恢复中心桩。

(2) 开挖前应有有效的排水措施，防止雨水冲刷进入洞内。

(3) 基坑开挖现场必须设专人安全监护。

3.2.5.4　基坑开挖作业

(1) 人工开挖基坑时，应事先清除孔口附近的浮土，以防止土石回落伤人；当基坑开挖出现片状岩时，应及时自上而下地清除已断裂的片状岩块，防止片状岩块掉落伤人。

(2) 基坑深度达 2m 时，应用提升机提土，提升机应采用地锚固定或配置合适配重。电动提升机如图 3-5 所示，电动提升机配重如图 3-6 所示。

图 3-5　电动提升机

图 3-6　电动提升机配重

(3) 坑内开挖产生的土石方应装入提土筐内，由专人向坑外提土。孔上作业人员应系安全带（安全绳可固定在锚桩上）。在提土的过程中，孔底的施工人员严禁施工，应背靠孔壁。

提土机械装置中的吊钩应有防脱钩装置，绳索要进行经常性安全检查，如发现存在问题须及时更换。人工挖孔施工作业如图 3-7 所示。

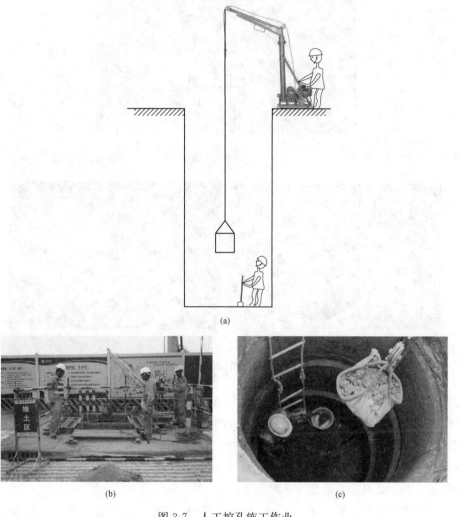

图 3-7　人工挖孔施工作业

（a）示意图；（b）实际作业场景（坑外）；（c）实际作业场景（坑内）

（4）施工人员上下应使用梯子（软梯），梯子（软梯）通过牢固的锚桩（针）固定，并同时使用防坠器，严禁作业人员乘用提土工具上下。软梯用锚桩固定情况如图 3-8 所示，孔口挡板及上下坑洞个人防护装备的使用如图 3-9 所示。

（5）入坑施工人员数量视孔内作业面宽度而定，应严格控制孔内施工人员的数量。孔底面积超过 $2m^2$ 的孔下可设 2 人挖掘，但不得面对面作业，每次作业不得超过 2h，作业人员不得在坑内休息、吸烟。

（6）当孔深超过 2m 时，安全监护人应密切注意孔下作业人员状态，按要求执行定期送风工作。每次爆破作业后必须采取强制通风措施，防止孔下作业人员因缺氧、中毒等原因而发生窒息及昏迷现象。掏挖施工应采取人员轮换作业的方式进行，轮换间隔时间不超过 2h；

图 3-8　软梯用锚桩固定情况

(a)　　　　　　　　　　　　　　　　(b)

图 3-9　孔口挡板及上下坑洞个人防护装备的使用

(a) 孔口挡板；(b) 上下坑洞个人防护装备

如发现孔下人员有异常状况，施工负责人应及时上报并根据审批通过的现场应急处置方案开展应急处置工作。

(7) 挖出的土石料应及时运离孔口，堆土高度不应超过 1.5m。在孔口四周 1m 范围内严禁堆积土石方、材料和工具，防止掉落孔内伤人。

(8) 当开挖深度大于 2m 时，应在孔口设置挡板，防止孔底工作人员被孔口跌落物体伤害，挡板高度大于 150mm。

3.2.5.5　注意事项

(1) 当基坑开挖至一定深度，坑内会出现采光不足的现象，坑底作业需配置安全电压照明装置。

(2) 孔内上下递送工具物品时，不得抛掷，应采取措施防止物件落入坑内。

(3) 当基坑有积水现象时，应及时使用排水泵进行抽排，防止积水浸泡基坑影响基础浇筑作业和坑壁稳定。

(4) 基坑清理完毕后，应测量断面尺寸及坑深，并做好记录。整基基坑清理完毕后，应随即测量基础根开及对角线等尺寸，符合要求后，方可进行下一道工序施工。

(5) 坑内作业应坚持"先通风、再检测、后作业"的原则，作业班组必须配备气体检测仪（见图 3-10），每日开工前必须检测井下有无有毒、有害气体，并应有足够的安全防护措施。

（6）每次下坑前，现场负责人或安全监护人使用气体检测仪检测坑内空气，空气中的含氧量不足或超标时（氧气含量应在 19.5%～23.5%），必须采取通风措施。当存在有毒、有害气体时，应首先排除。不得用纯氧进行通风换气，不得在坑内使用燃油动力机械设备。

（7）当孔深超过 5m 时，用鼓风机（见图 3-11）或风扇向孔内送风不少于 5min，排除孔内浑浊空气。孔深超过 10m 时，孔底应设照明，且照明必须采用 12V 以下电源、带罩防水的安全灯具；应设专门向井下送风的设备，风量不得少于 25L/s，且孔内电缆必须有防磨损、防潮、防断等保护措施。

图 3-10　气体检测仪图

图 3-11　鼓风机

（8）岩石基坑每次爆破后，应待坑内烟雾散尽，通风换气并经检测空气合格后，方可下坑进行操作。

（9）采用风镐掘进或钻炮孔时，会产生大量粉尘，应采取防粉尘的措施，如戴口罩、眼罩、防尘面具（见图 3-12）等，防止粉尘对施工人员的身体健康造成损害。

3.2.6　护壁制作

制作护壁是防止基坑塌方的重要方法。施工时，应根据设计图纸，确认是否需要做护壁，如需制作护壁，应严格按照护壁图纸施工。

3.2.6.1　孔口护壁

施工中必须保证孔口孔圈护壁中心点与桩位中心点偏差不大于 10mm，且孔口护壁要高出地面至少 150mm（见图 3-13）。

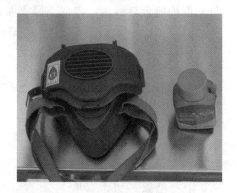

图 3-12　防尘面具

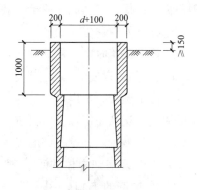

图 3-13　孔口护壁示意图

3.2.6.2 孔身护壁

基坑开挖过程中，因孔壁局部地质条件较差威胁坑内施工人员的安全，需按设计图纸进行护壁。孔身护壁如图 3-14 所示。

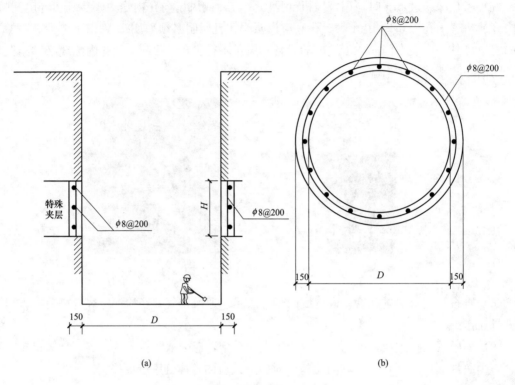

图 3-14　孔身护壁示意图

(a) 平面图；(b) 截面图

（1）护壁混凝土强度应与基础本体混凝土强度等级相同，在护壁混凝土中应加入钢筋网，每段护壁之间钢筋通过弯钩连接。

（2）第一节挖深约 1000mm，安装护壁模板，浇注混凝土护壁。护壁模板可采用木模板或钢模板，模板拼接而成并便于安装、拆卸。制模时，模板应合缝严密，内部支撑牢固，保证浇筑过程不发生移位、变形。

（3）护壁浇筑时由上往下进行，振捣密实，上一段护壁与下一段护壁模板之间留 100～150mm 的空隙，以便下一段护壁浇筑。

（4）往下施工时，以每一节为一个施工循环（即挖好每节后接着浇筑一节混凝土护壁，待护壁混凝土达到一定强度后再进行下一段的基坑开挖），一般土层中每节高度为 1000mm。

（5）尽量减少已开挖孔壁的暴露时间，及时浇筑混凝土。

（6）为保证基础本体的垂直度，每节护壁做好以后，必须将基础洞中心十字轴线和标高测设在护壁的上口，用十字线对中，吊线坠向井底投射，以半径尺杆检查孔壁的垂直平整度和孔中心。护壁制作如图 3-15 所示；护壁垂直度校核及成孔质量控制如图 3-16 所示。

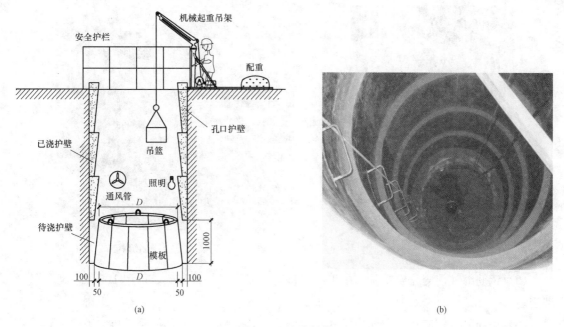

图 3-15　护壁制作

（a）示意图；（b）实景图

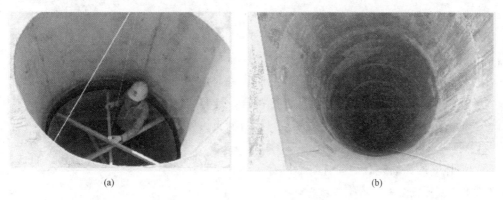

图 3-16　护壁垂直度校核及成孔质量控制

（a）垂直度校核；（b）成孔质量控制

3.2.7　钢筋加工及安装

3.2.7.1　准备工作

（1）清除孔内杂物。

（2）备好安装钢筋保护层的垫块及主筋底部垫块。

（3）核对钢筋品种、规格、尺寸和数量，消除表面泥土、浮锈和油污。

3.2.7.2　钢筋绑扎

（1）钢筋笼一般可在孔内绑扎或孔外扎好后吊入孔内（见图 3-17）。由于深基坑基础的钢筋主筋较长较重，不便于采用在孔外扎好再进行整体吊装入孔的方法，主要采用在孔内进行箍筋笼扎丝绑扎固定的方法（见图 3-18）。

图 3-17　孔外绑扎吊入孔内　　　　　　　图 3-18　孔内钢筋绑扎

（2）钢筋绑扎前应先熟悉基础施工图，核对钢筋配料是否正确，可用 12 号或 14 号铁丝绑牢。

（3）钢筋放入前应找准主筋位置并固定好垫块，先将立柱主筋放到基坑，就位后，再绑扎内、外箍筋。

（4）钢筋按图纸设计要求布置，扎筋要求主筋与箍筋相切且满点绑扎，以免钢筋笼松散变形，影响主柱的浇筑。

（5）同一连接区段内 $35d$（d 为钢筋直径）纵向钢筋的接头的面积不大于 50%。绑扎成型后，相邻的两根钢筋接头应错开大于 $35d$，且不小于 1.5m。

（6）根据图纸要求，钢筋笼与坑壁之间应设置对应数量的护板，或采取其他有效措施，如设混凝土垫块，以确保钢筋保护层的厚度符合设计要求。

（7）钢筋绑扎成形后，要反复核查，配置的钢筋的类别、根数、直径和间距应符合图纸规范及设计。

（8）绑扎好的钢筋笼和钢筋骨架不得有变形、松脱。

3.2.8　模板安装

（1）挖孔基础护壁及露出地面部分应支模浇筑。

（2）模板安装前应对其尺寸进行检查，确认是否符合设计要求，有无变形、裂缝等，合格后方准拼装。

（3）模板应采用刚性材料并支护可靠，表面平整且接缝应严密。接触混凝土的模板表面应采取有效脱模措施。当使用脱模剂时，不得沾污钢筋。

（4）模板安装后，需测量根开、对角线等，经综合调整，直至符合设计及规范要求为止。

（5）模板安装后应仔细检查各部件是否牢固，在浇筑混凝土过程中要经常检查，如发现变形、松动、下沉等现象，要及时修整加固。

3.2.9　地脚螺栓安装

（1）安装前，必须检查地脚螺栓直径、长度及组装尺寸，符合设计要求后方准安装。

（2）地脚螺栓安装前应除去浮锈，螺纹部分应予以保护。

（3）同组地脚螺栓上部采用根据地脚螺栓施工图加工的定位板进行控制。对地脚螺栓的控制内容包括地脚螺栓间距、地脚螺栓的外露长度、同组地脚螺栓对中心的偏移。浇筑过程中，控制好地脚螺栓的根开，并防止螺杆倾斜。

（4）地脚螺栓安装尺寸调校好以后，应固定并注意在施工过程中不要碰撞，以免影响安装尺寸，基础浇筑过程中及浇筑完以后，都应注意复核地脚螺栓的安装尺寸。

（5）地脚螺栓安装步骤：①用槽钢或钢管作为支垫；②在槽钢上方安放地脚螺栓定位板；③将地脚螺栓逐根穿入定位板，拧紧螺母；④安装下层定位板（如有），上齐螺母并紧固；⑤找正地脚螺栓后，样板和模板之间进行固定，防止浇筑过程中地脚螺栓位移。地脚螺栓安装图如图 3-19 所示。

图 3-19　地脚螺栓安装图

3.2.10　混凝土的浇筑

3.2.10.1　浇筑前的准备

（1）浇筑混凝土前，应再次核实检验现场材料准备、基坑尺寸及清理、模板支承、钢筋绑扎等，确认无误后方可开始浇筑。

（2）浇筑混凝土前，应按现行行业标准的有关规定对设计混凝土强度等级和现场浇筑使用的砂、石、水泥等原材料进行试配，确定混凝土配合比。

（3）浇筑混凝土前，当孔内存有积水时，应先抽净孔底积水。

3.2.10.2　配合比设计

（1）按照设计图纸给定的混凝土强度等级，进行混凝土配合比试验，施工过程中，严格按检验单位提供的配合比报告进行施工。

（2）配合比的误差范围（以质量计）：水、水泥不超过±2％，砂、石子不超过±3％。

（3）现场应配备计量器具，每班日至少检查配合比 2 次。

3.2.10.3　浇筑过程

（1）采用预拌混凝土浇筑时，应符合现行国家标准的有关规定。预拌混凝土浇筑如图 3-20 所示。

图 3-20　预拌混凝土浇筑

（2）现场浇筑混凝土的振捣应采用机械搅拌、机械捣固的方式。混凝土下料高度超过2m时，应采用导管、溜槽或串筒下料。串筒使用如图3-21所示。

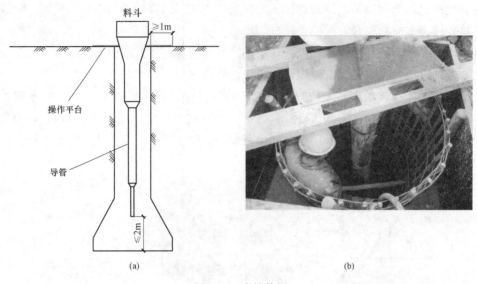

图3-21　串筒使用

（a）示意图；（b）实景图

（3）浇筑时，施工人员利用专用软梯进入坑内，采用振捣器将混凝土振捣密实。坑内振捣人员需配备速差自控器及应急绳索。

（4）混凝土浇筑应先从立柱中心开始，逐渐延伸至四周，以避免将钢筋笼向一侧挤压变形。

（5）混凝土浇筑过程中，应监视模板、钢筋、地脚螺栓，如发现变形、移位，应及时停止浇筑，重新进行加固及校正。

（6）混凝土浇筑过程中，应严格控制水灰比。每班日或每个基础腿，混凝土坍落度应至少检查2次。坍落度检测如图3-22所示。

（7）试块应在混凝土浇筑过程中取样制作。混凝土试块一组三块，达到养护标准后送实验室进行试压。试块制作如图3-23所示。

图3-22　坍落度检测

图3-23　试块制作

（8）混凝土应一次浇筑成型，间歇时间不得超过混凝土的初凝时间。

（9）混凝土浇筑完成后及时抹面、收浆。

（10）浇筑完毕后，应复测基础的根开、对角、高差、偏移等数据，并及时做好记录。

3.2.10.4　混凝土振捣

（1）应采用机械搅拌、机械振捣。

（2）捣固采用插入式振捣器，捣固应设专人负责。

（3）振捣时应按顺序逐点前进，移动间距不大于 1.5 倍作用半径；先边角、后中间，振捣器距模板距离不大于振捣器作用半径（一般为 400mm）的一半。每一插点要掌握好振捣时间，一般振捣时间 20～30s，过短不易捣实和气泡排出，过长可能造成混凝土分层离析现象，致使混凝土表面颜色不一致。

（4）振捣器每次振捣深度以 300mm 为宜。为保证上下浇筑层的结合，插入下层混凝土深度不小于 50mm。

（5）振捣时应"快插慢拔"，直至混凝土内部密实均匀，表面呈现浮浆，且无沉落现象为止。

（6）对于扩孔部分，应由专人下到孔下，边振捣边将混凝土赶向扩孔部分，直到将扩孔部分充满为止。

（7）振捣器不应直接碰振钢筋笼，以免钢筋笼偏移。

（8）混凝土在浇筑与振捣过程中，有可能产生钢筋笼倾斜等现象，故要随时测量监视钢筋笼、模板及地脚螺栓的方位、根开和高差等，如有偏差应及时校正。特别要注意保证基础顶面高差在允许误差范围内一次成型。

混凝土振捣如图 3-24 所示。

3.2.11　基础养护、拆模及成品保护

3.2.11.1　基础养护

（1）在终凝后 12h 内开始浇水养护；当天气炎热、干燥有风时，应在 3h 内开始浇水养护，浇水次数应能够保持混凝土表面始终湿润。

（2）外露的混凝土浇水养护时间不宜少于 5 昼夜。

图 3-24　混凝土振捣

3.2.11.2　基础拆模

（1）基础拆模经表面质量检查合格后应及时回填，并在基础外露部分加遮盖物，并应按规定期限继续浇水养护。

（2）基础拆模时的混凝土强度应保证其表面及棱角不损坏。

（3）拆模后，基础外观应做到：横平竖直、棱角分明、表面光洁、坡度自然。

3.2.11.3　基础成品保护及尾工处理

（1）浇筑完成的基础应及时清除地脚螺栓上的残余水泥砂浆，地脚螺栓应涂抹防锈油脂并包裹，防止生锈。基础边角应采取保护，以免磕碰损坏。

（2）清理地脚螺母上的污渍，涂抹防锈油清脂，标明规格和杆号后缴还材料站，并做好相关记录。

基础成品保护如图 3-25 所示。

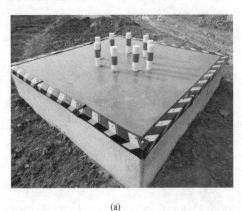

（a）
（b）

图 3-25　基础成品保护
（a）方形基础；（b）圆形基础成品保护

3.3　安全质量环境管控措施

3.3.1　风险等级划分

根据《国家电网公司输变电工程施工安全风险识别、评估及预控措施管理办法》规定，挖孔基础作业风险等级划分如表 3-3 所示。

表 3-3　　　　　　　　　　　挖孔基础作业风险等级划分表

基础型式	作业项目	风险等级
人工挖孔桩基础	开挖第一节及护壁	1
	逐层往下循环作业坑深小于等于 15m	3
	人工开挖桩深超出 15m	4
掏挖基础	深度小于等于 5m 的人工开挖	2
	深度大于 5m 的人工开挖（采用混凝土护壁）	3
	深度大于 5m 的人工开挖（未采用混凝土护壁）	4
	机械开挖	2

3.3.2　安全管控措施

3.3.2.1　施工人员

（1）进入施工作业区的人员必须正确佩戴安全帽，正确使用个人防护用品，并自觉遵守劳动纪律和安全生产规章制度。

（2）挖孔较深或有雨水灌入时，必须采取孔壁支护及排水、降水等措施，严防塌孔。

（3）人工挖孔，对孔壁的稳定及吊具设备等，应经常检查。孔顶出土机具应有专人管理，并设置高出地面的围挡。孔口不得堆积渣土及工具。作业人员的出入，应设软梯或梯子，人员上下用速差器加以保护，严禁乘运土工具上下。孔口施工人员亦应采取防坠落措施。

（4）应使用绳索和容器传递工器具，严禁向孔下抛扔工器具等物品，并防止孔口落物。

（5）向孔上出土使用吊篮，提升的索具应有足够强度，吊钩应有闭锁装置。起吊设备必须有限位器、防脱钩器等装置。出土提升时，孔内作业人员应停止作业。

（6）孔内作业应坚持"先通风、再检测、后作业"的原则，作业班组必须配备气体检测仪，每日开工前应检测坑内空气，并做好记录。每次下坑前，现场负责人或安全监护人使用气体检测仪检测坑内空气，空气中的含氧量不足或超标时，必须采取通风措施，当存在有毒、有害气体时，应首先排除。

（7）人工挖孔深度超过 10m 时，应采取强制通风措施，通风时将鼓风机软管（采用直径为100mm 塑料送风管，软管壁内夹带钢丝）沿孔壁放入坑中，人员下孔前，首先通风 20min，然后用气体检测仪检测孔内空气中各气体含量，符合要求后可入孔作业。鼓风机送风示意图如图 3-26 所示。

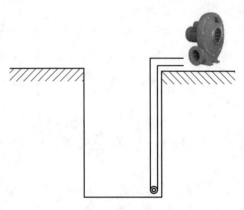

图 3-26 鼓风机送风示意图

（8）孔洞周围应设置硬质围栏，停止施工或过夜时应设置强度足够的盖板，防止施工人员、村民、牲畜误坠。基础孔口保护如图 3-27 所示。

（9）孔内作业，每人不得超过 2h。孔口必须

(a)

(b)

图 3-27 基础孔口保护

(a) 方形孔洞盖板；(b) 圆形孔洞盖板

有专人经常与孔下人员联系，发现孔内有异常情况，立即停止作业及协助孔内人员撤离，并及时向有关部门汇报发现的情况。

（10）挖孔过程中要加强对孔壁的观察，随时注意孔壁变化，发现异常情况，立即停止作业及时协助孔内人员撤离，并及时向有关部门汇报。

（11）现场安全监护负责人必须时时监护现场地面情况及地貌变化，确认是否有环形裂

缝，防止地面塌陷。

（12）坑模成型后，及时浇筑混凝土，否则应采取防止土体塌落的措施等。

3.3.2.2　机械设备安全要求

（1）机械上的各种安全防护装置及监测、指示、仪表、报警等自动报警、信号装置应完好齐全，有缺损时应及时修复。安全防护装置不完整或已失效的机械不得使用。

（2）机电设备使用前应进行全面检查，确认机电装置完整、绝缘良好、接地可靠。机械不得带病运转，运转中发现不正常时应先停机检查，排除故障后方可使用。

（3）受力工器具应符合技术检验标准，并附有许用荷载标志；使用前必须进行检查，不合格者严禁使用，严禁以小代大，严禁超载使用。

（4）混凝土搅拌机、插入式振捣器、水泵、钢筋加工机械等的电源线必须采用橡皮护套铜芯软电缆，并不得有破损。

（5）插入式振捣器的电动机电源上应安装漏电保护装置，接地或接零应安全可靠；操作人员作业时应穿戴绝缘胶鞋和绝缘手套；严禁用电缆线拖拉或吊挂振捣器。

（6）搅拌机应设置在平整坚实的地基上，装设好后应由前后支架承力，不得以轮胎代替支架。

（7）搅拌机在运转时，严禁将工具伸入滚筒内扒料。加料斗升起时，下方不得有人。

（8）用手推车运送混凝土时，倒料平台口应设挡车措施；倒料时严禁撒把，并分清进出车道。

（9）振捣作业人员必须戴绝缘手套、穿绝缘鞋。孔内振捣人员必须穿戴好安全防护用具。施工机械设备布置如图 3-28 所示。

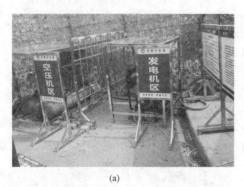
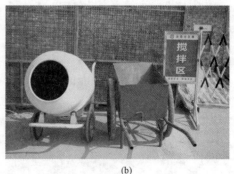

（a）　　　　　　　　　　　　　　　　（b）

图 3-28　施工机械设备布置
（a）空压机、发电机布置；（b）搅拌机布置

3.3.2.3　临时用电安全技术要求

（1）施工现场的施工临时用电应符合现行行业标准《施工现场临时用电安全技术规范》（JGJ 46—2005）的有关规定。

（2）施工用电设施的安装、维护，应由取得合格证的电工担任，严禁私拉乱接。

（3）低压施工用电线路的架设应遵守下列规定：①采用绝缘导线或低压电缆；②架（敷）设可靠，绝缘良好；③不得采用裸线，其截面积不得小于 $16mm^2$，架设高度不低于

2.5m，交通要道及车辆通行处，架设高度不得低于5m；④开关负荷侧的首端处应安装漏电保护装置。

（4）电气设备及电动工具的使用遵守下列规定：①不得超铭牌使用；②电动机具及设备应装设接地保护；③不得将电线直接钩挂在闸刀上或直接插入插座内使用；④电动机械和工具应做到"一机一闸一保护"，不得一个开关或一个插座接两台及以上电气设备或电动工具；⑤移动式电动机械或电动工具应使用软橡胶电缆、电缆不得破损、漏电，手持部位绝缘良好。

（5）在光线不足及夜间工作的场所，应设足够的照明。

（6）电气设备及照明设备拆除后，不得留有可能带电的部分。

（7）现场施工用电操作要求：①施工班组进场时，首先选好发电机、配电箱等电气设备放置位置并合理布线；②施工现场必须使用配电箱，配电箱应接地良好，须配备专用插座，杜绝直接将电线插入插孔中使用；③夜间照明设备须有有效开关，并采取防护罩，防止雨水等进入；④振捣器等手持工具应绝缘良好，振捣人员必须穿绝缘靴、戴绝缘手套；⑤现场用电设备均需"一机一闸一保护"，配备用电安全用电责任牌，标明责任人。

3.3.2.4 环保、水保管控措施

（1）加强对全体施工人员的环境保护教育，增强环境保护意识，在工作中严格遵守有关环境保护的法规，确保施工过程中不对工地及工地周围的环境造成不良的影响。

（2）堆放材料应根据现场情况，选择合理布置方案，力求占地最少，搬运距离最近，对环境造成的影响最小。

（3）现场存放油料，储存和使用都要采取措施，防止油料跑、冒、滴、漏，污染环境。

（4）努力降低施工噪声对周边环境的影响。

（5）土方工程施工中，严格控制其占地面积，开出的土石不得随意堆放，尽量减少对周围植被的破坏。

（6）位于斜坡地带的塔位，严禁坑内向坡下弃土，以避免破坏植被和坡体稳定。

（7）杜绝出现"平地起坑"现象，严禁随意弃土，倡导绿色施工，尽力减少对环境的影响。

（8）基础施工后的余土、碎石不允许就地倾倒，应按要求及时妥善进行处理。对砂、石、水泥袋等杂物要及时清理干净。

（9）施工现场应严格遵守安全文明施工规范，禁止乱扔施工垃圾。施工完毕后，必须做到"工完、料尽、场地清"。

（10）严格按设计要求进行排水沟、护坡（面）、挡土墙及保坎施工；如未设计但现场需要，应及时与设计单位取得沟通，及时处置。

4 大开挖基坑施工

大开挖基坑施工是指开挖深度超过5m（含5m）的基坑（槽）的土方开挖、支护、降水工程，或开挖深度虽未超过5m，但地质条件、周围环境和地下管线复杂或影响毗邻建筑（构筑）物安全的基坑（槽）的土方开挖、支护工程。在输变电工程中，大开挖基坑主要应用于变电站事故油池、水池等构筑物。线路工程上的大开挖基础深度一般不超过5m，施工工艺及风险管控措施与变电站工程大开挖基坑基本相似，因此不再单独介绍。

4.1 施 工 准 备

4.1.1 人员准备

（1）作业人员应熟悉施工图纸、验收规范和技术、安全、质量要求。

（2）作业人员应经相应的安全生产教育和岗位技能培训、考试合格，掌握本岗位所需的安全生产知识、安全作业技能和紧急救护法。

（3）全体作业人员应接受施工安全技术交底。

（4）特殊作业人员必须持有效证件上岗。

（5）作业人员应严格遵守现场安全作业规程，服从管理，正确使用安全工器具和个人安全防护用品。

（6）以某项工程为例，该工程按一个施工作业层班组配置，详见表4-1。

表 4-1 　　　　　　　　　　　　　施工作业层班组配置表

序号	工种	职责
1	班长兼指挥	全面负责基坑施工的组织、协调、现场指挥等
2	安全员	负责安全监护，负责现场消防设施、电气机械设备的日常安全检查
3	技术兼质检员	负责施工过程中各工序的质量技术措施的执行和技术数据复核，配合施工负责人指导现场施工作业
4	测工	负责基坑定位、尺寸、标高的施工测量、复核
5	电工	负责施工电源、开关及线路的操作、检查及维护
6	机械操作工	负责施工机械的操作、维护和保养
7	一般施工人员	负责基坑清槽及其他辅助工作

4.1.2 材料准备

（1）结合常用的坡面保护措施，如挂网抹面、挂网喷浆、防雨布覆盖，应准备所需的原材料。

（2）原材料应按施工总平面布置规定的地点进行堆放，堆放场地应平坦、不积水，应设置支垫，并做好防潮、防火措施。

4.1.3 机具准备

（1）施工机械准备充分考虑施工进度、开挖方式、作业空间、机械臂展、回转半径和上下通道等相关因素，提前将机械合格证、复审报告和特种作业人员操作证等相关证明文件报监理项目进场审查，同时做好机械管理台账。

（2）施工工器具、机械设备及安全工器具在使用前应进行检查，检查合格后方可投入使用。

（3）检查所用的测量仪器、仪表及计量器具是否在有效检定期内。对全站仪、经纬仪、钢卷尺及塔尺等测量工具，必须在使用前进行检验校正，符合精度要求且有检定合格证才能使用。

（4）大基坑开挖应配备上下爬梯、钢管硬质围栏、警示标志和夜间警示灯等，同时确保配备足够数量的消防设施和安全工器具（见表 4-2）。

表 4-2　　　　　　　　　　　　　主要机具配置表

序号	名称	单位	数量	功能	备注
一	通信				
1	对讲机	台	3	施工通信	
二	测量				
1	全站仪	台	1	坐标定位	
2	水准仪	台	1	标高控制	
3	钢卷尺	把	1	距离量测	
三	土方施工				
1	反铲挖掘机	台	按需	土方挖掘	
2	运输车	台	按需	土方运输	
3	潜水泵	台	2	基坑排水	
4	发电机	台	1	应急供电	
四	安全工器具				
1	安全帽	顶	按需	个人防护	
2	硬质围栏	m	按需	施工隔离	
3	警示标识	块	按需	警示提示	
4	夜间警示灯	个	2	夜间警示	

4.1.4 现场准备

（1）现场施工道路已形成，具备施工车辆通行条件。

（2）场地平整至设计标高，具备施工条件。

（3）挖掘施工区域设置防护围栏及安全标志牌，围栏高度 1.2m，距离坑边不小于 0.8m。夜间应挂警示灯。

（4）基坑四周应设置好地表截水措施、防渗设施等排水准备工作。水沟坡度不宜小于0.3%，沟底应采取铺设彩条布、塑料膜及沟底硬化等防渗措施，如图4-1和图4-2所示。

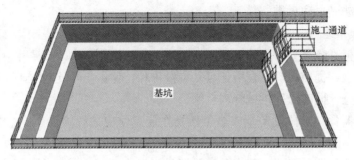

图4-1 基坑安全示意图

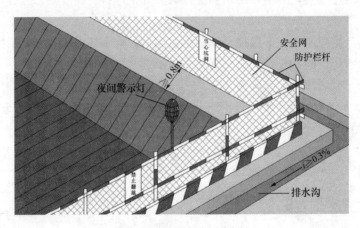

图4-2 基坑水沟示意图

4.1.5 技术准备

（1）大基坑开挖放坡坡度应满足设计要求。若无设计要求时，应根据现场地质条件、相关规范要求，选取安全放坡系数。各类土质放坡开挖的坡度要求见表4-3。

表4-3　　　　　　　　　　各类土质放坡开挖的坡度要求

土质类别		坡度（深：宽）
砂土		1:1.25～1:1.50
一般性黏土	硬	1:0.75～1:1.00
	硬、塑	1:1.00～1:1.25
	软	1:1.50 或更缓
碎石类土	充填坚硬、硬塑黏性土	1:0.50～1:1.00
	充填砂土	1:1.00～1:1.50

注　如采用降水或其他加固措施，可不受本表限制，但应计算复核。

（2）对于地质情况复杂、存在地下水影响时，应进行坡体稳定性验算。

（3）大基坑开挖属超过一定规模的危险性较大的分部分项工程，应编制专项施工方案（含安全技术措施），同时须进行专家论证和审查。

（4）作业前，应对如电缆、光缆及管道等地下设施进行提前勘查，同时应取得相关管理部门的许可，做好相应的安全措施。

4.2　施工作业流程

基坑开挖作业流程如图 4-3 所示。

4.2.1　基坑定位放线

基坑工程的测量控制重点是基坑坡顶、坡脚线定位以及土层开挖标高的控制。根据建设单位或设计院提供的坐标控制点、建筑红线，测设出建构筑物的角点。核实确认无误后，结合基坑尺寸、支护结构、基坑坡率、施工工作面和操作平台等因素，确定开挖线，测设出基坑的控制轴线，钉好龙门桩。控制桩施工过程中，应做好防碰措施，并进行多次检查，以免偏位。

基坑定位放线示意图如图 4-4 所示。

4.2.2　基坑截排水

开挖区域地表汇流水和坑底汇水采用截、排水沟引出，沟的坡度不宜小于 0.3%，沟底应采取铺设彩条布、塑料膜及沟底硬化等防渗措施。基坑底设置集水坑，如有积水应立即用潜水泵抽出，防止地表径流倒灌至开挖基坑。截排水沟道示意图见图 4-5。

当开挖低于地下水位的基坑或雨季施工时，要防止地面水流入基坑。出现管涌、流沙、边坡失稳和地基承载力下降等状况，必须在基坑开挖前和开挖时，遵循分层降水、按需降水和动态调整的原则，做好排水降水工作，降水后基坑内的水位应低于坑底 0.5m。

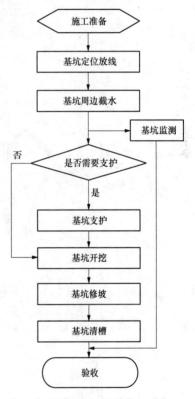

图 4-3　基坑开挖作业流程图

4.2.3　基坑开挖

在四周空旷，有足够放坡场地，周围没有建筑设施或地下管线的情况下，经验算能保证坡体稳定性时，可采用放坡开挖。大开挖基坑采用多级放坡，多级放坡的平台宽度不小于1.5m。分层厚度软土地基应控制在 2m 以内，硬质土控制 3m 以内为宜。

基坑在完成施工准备、基坑及周边环境监测、安全措施等相关验收工作，合格后方可进行开挖。基坑开挖时，应考虑开挖面、周边环境要求和基坑形状等因素，同时遵循"分层开挖、严禁超挖"的原则（见图 4-6）。

坑顶不宜堆土或存在堆载（材料或设备），遇到不可避免的附加荷载时，在进行边坡稳

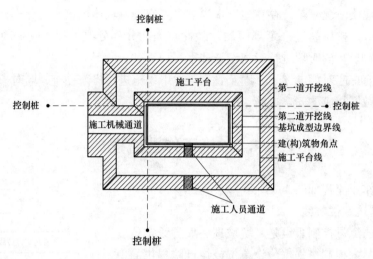

图 4-4　基坑定位放线示意图

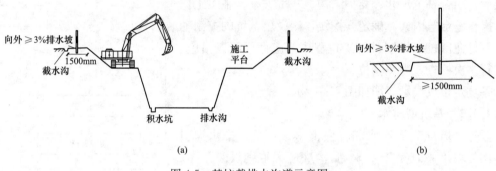

(a)

(b)

图 4-5　基坑截排水沟道示意图

（a）示意图；（b）局部图

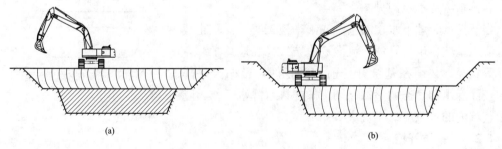

(a)

(b)

图 4-6　放坡分层开挖示意图

（a）第一层土方开挖；（b）底层土方开挖

定验收时应计入附加荷载的影响。坡脚存在局部深坑时，宜采取坡度放缓、土体加固等措施。若放坡区域存在不良土质，宜采用土体加固等措施对土体进行改善。边坡宜采用人工清坡，坡度控制应符合放坡设计要求。

　　基坑开挖时，应对平面控制桩、水准点、基坑平面位置、水平标高和边坡坡度等经常复测检查。

对于需爆破施工的基坑工程，应编制爆破工程专项施工方案并经论证通过。在施工过程中，应严格落实施工方案要求，做好相关爆破安全措施。

4.2.4 基坑边坡修整

基坑应严格按照施工坡率开挖，随挖随修。如开挖时发现土质较差、不稳定或基坑放坡高度较大，施工期或暴露时间较长，则应采取薄膜覆盖、挂网抹面法或喷混护坡等措施进行边坡保护，以保护基坑边坡稳定。

4.2.5 基坑清槽

基坑施工时应避免对地基土的扰动，坑底应保留 200～300mm 厚基土，用人工清理整平，防止坑底土扰动。基坑开挖完成后，应及时清底、验槽，减少暴露时间，防止暴晒和雨水浸刷破坏地基土的原状结构。

4.2.6 验收

基坑应进行验槽，做好记录。如发现地基土质与地质勘探报告或设计要求不符时，应与有关人员研究，及时处理。

4.3 安全质量环境管控措施

4.3.1 风险等级评定

根据《国家电网公司输变电工程施工安全风险识别、评估及预控措施管理办法》规定，大基坑作业风险等级：

（1）深度超过 5m（含 5m）的深基坑挖土或未超过 5m，但地质条件与周边环境复杂，风险等级 3 级；

（2）土石方爆破，风险等级 4 级。

4.3.2 安全措施

4.3.2.1 安全组织措施

对超过一定规模的危险性较大的分部分项工程的专项施工方案（含安全技术措施），施工单位应组织专家进行论证。

应严格按照施工方案实施，加强过程控制与验收，建立应急预案并组织演练，同时对基坑、周边环境进行动态监测。

4.3.2.2 安全技术措施

1. 预防土方坍塌

（1）基坑应从上往下开挖，严禁挖虚脚。

（2）施工时安排专人监护，发现坡壁有裂纹、松动或不断掉土块等现象，施工人员应立即撤离作业地点，待处理完毕后方可继续作业。

（3）坡面应及时采用薄膜覆盖、挂网抹面法或喷混护坡等措施进行边坡保护，防止雨汛期基坑边坡渗水垮塌。

2. 机械伤人或机械事故

（1）基坑上口外侧 0.8m 处设置 1.2m 高防护栏杆，设基坑上下通道，栏杆应涂刷醒目的红、白油漆。

（2）机械由专人监护和指挥。

（3）反铲挖掘机工作时，在其回转半径内严禁人员通行或停留且不允许有其他作业。

（4）反铲机械之间的间距不小于 10m，以防机械间碰撞。

（5）机械在边坡作业或行走时，距离边坡不少于 3m，以防边坡失稳而发生翻车事故。

（6）严禁人员进入斗内，不得利用挖斗运送物件。

（7）严禁带故障运行，施工前应检查传动部分、液压系统和电气系统是否完好，平时应加强机械的维修保养。施工中发现异常情况，应立即停机检修。

（8）反铲作业后，停放在坚实、平坦的地方，铲斗落地，使提升机绳松紧适当，臂杆降到 40°~50°位置。操作人员离开驾驶室时，不论时间长短，必须将铲斗落地。

（9）向汽车上卸土，应在汽车停稳后进行，严禁铲斗从驾驶室上越过。严禁任何人员停留在装土车厢内。

3. 交通事故

主要指运土车辆的交通事故。

（1）循环道路应畅通，必要时用警示带隔离。

（2）夜间施工，照明应充足。

（3）翻斗汽车应经常检查维修，保持性能良好。

（4）应由专人监护运土车辆。

（5）严禁酒后开车和疲劳驾驶。

（6）司机必须证件齐全。

4.3.3　质量措施

4.3.3.1　质量控制要点

1. 定位放线的控制

控制内容主要为复核建筑物的定位桩、轴线、方位和几何尺寸。工程轴线控制桩设置离建筑物的距离一般应大于两倍的挖土深度。挖土过程中要定期进行复测，校验控制桩的位置和水准点标高。

2. 土方开挖的控制

（1）控制内容主要为检查挖土标高、截面尺寸、放坡和排水。土方开挖一般应按从上往下、分层分段依次进行。

（2）用机械挖土，在接近设计坑底标高或边坡边界时应预留 200~300mm 厚的土层。用人工开挖和修整，应边挖边修坡，以保证不扰动土和标高符合设计要求。

（3）超挖时，不得用松土回填，应与设计单位确定换填方式，填压（夯）实到设计标高。

（4）当地基局部存在软弱土层，不符合设计要求时，应与勘察、设计、建设部门共同提出方案进行处理。

（5）挖土必须做好地表和坑内排水、地面截水及地下降水，地下水位应保持低于开挖面500mm 以下。

（6）基坑汇水应及时排出，防止基坑泡水。

3. 基坑（槽）验收

基坑开挖完毕，应由施工单位、设计单位、监理单位或建设单位、质量监督部门等有关人员共同到现场进行检查、鉴定验槽，核对地质资料，检查地基土与工程地质勘察报告、设计图纸要求是否相符合，有无破坏原状土结构或发生较大的扰动现象。一般用表面检查验槽法，必要时采用钎探检查。经检查合格，填写基坑槽验收、隐蔽工程记录，及时办理交接手续。

4.3.3.2 质量控制标准

土方开挖质量控制标准见表 4-4。

表 4-4　　　　　　　　　　土方开挖质量控制标准　　　　　　　　　　（mm）

项目	序	项目	允许偏差或允许值					检验方法
			柱基、基坑、基槽	挖方场地平整		管沟	地（路）面基层	
				人工	机械			
主控项目	1	标高	−50	±30	±50	−50	−50	水准仪
	2	长度、宽度（由设计中心线向两边量）	+200	+300	+500	+100	—	经纬仪、用钢尺量
			−50	−100	−150			
	3	边坡	设计要求					观察或用坡度尺检查
一般项目	1	表面平整度	20	20	50	20	20	用 2m 靠尺和楔形塞尺检查
	2	基础底部土性	设计要求					观察或土样分析

4.3.4 环保及水保措施

（1）土石方铲运卸等环节应设置专人淋水降尘。挖运土石方车辆经过场内路线时，应派专人清扫、喷洒防扬尘措施。在 4 级以上大风天气严禁开挖。

（2）现场一般不堆放土石方，如需要堆放时，应采取覆盖、表面临时固化及淋水降尘等控制措施。

（3）施工机械应加装烟气处理装置，并对机械设备定期维护保养，保持在好的运行状态，降低废气的排放量。

（4）根据环保噪声标准日夜要求的不同，合理协调安排施工分项的时间，将容易产生噪声污染的分项严格控制作业时间。噪声控制标准：昼间施工噪声≤70dB，夜间施工噪声≤55dB。

（5）设备定期进行检修润滑，做到油路、气路、水路畅通，油标醒目，油量充足，使机器正常运转，降低噪声。

（6）基坑排水应根据总平面施工图统一规划，保证施工现场有序排放。

4.4 基坑稳定性与基坑支护

4.4.1 基坑稳定性

基坑稳定性应经验算，其主要包含：基坑边坡整体稳定性、支护结构抗倾覆及抗滑移稳定性、基坑底抗隆起稳定性、基坑底土体抗渗流稳定性。

开挖土质边坡的稳定性可用圆弧滑动简单条分法计算确定（见图4-7）。圆弧滑动整体稳定系数 K 可按下式计算

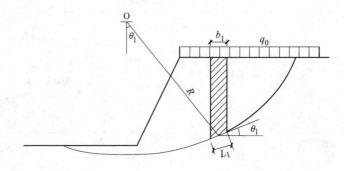

图 4-7　圆弧滑动简单条分法计算图

R—滑动半径（m）

$$K = \frac{\sum C_{ik}L_i + \sum(q_0b_i + W_i)\cos\theta_i\tan\varphi_{ik}}{\sum(q_0b_i + W_i)\sin\theta_i} \tag{4-1}$$

式中　K——边坡整体稳定系数，不应小于1.3；

　　　C_{ik}——第 i 条块土的黏聚力标准值，kPa；

　　　L_i——第 i 条块滑弧长度，m；

　　　q_0——坡顶面作用的均布荷载，kPa；

　　　b_i——第 i 条块的宽度，m；

　　　W_i——第 i 条块土的重力，按上覆土的天然土重计算，kN；

　　　θ_i——第 i 条块弧线中点的切线与水平线的夹角，（°）；

　　　φ_{ik}——第 i 条块土的内摩擦角标准值，（°）。

砂土或碎石土构成的边坡，土体的黏聚力取为0，放坡坡度的稳定性可按直线滑动法计算确定。直线滑动整体稳定系数 K 可按下式计算

$$K = \frac{\tan\varphi_k}{\tan\theta} \tag{4-2}$$

式中　K——边坡整体稳定系数，不应小于1.3；

　　　φ_k——土的内摩擦角标准值，（°）；

　　　θ——直线滑动面与水平面的夹角，（°）。

4.4.2 基坑支护

基坑支护形式比较多，在输变电工程中，基坑边坡支护形式主要有放坡和板桩支护。

4.4.2.1 放坡

放坡开挖是最简单的基坑支护方式之一，当前在输变电工程中运用最多。当地基土性较好、基坑开挖深度不大、施工场地条件允许时可采用，其支护费用较低。为防止边坡岩石风化剥落及降雨冲刷，可对放坡开挖的坡面实行保护，如水泥抹面、铺设土工膜、喷射混凝土护面及砌石等。为防止周围雨水入渗和沿坡面流入基坑，可在基坑周围地面设排水沟、挡水堤等，也可在周围地面抹砂浆。

1. 特点

(1) 通过适当的坡度，可以保证坡面稳定和边坡整体稳定。

(2) 土方量增加较多。

(3) 可独立使用，也可与其他支护形式结合使用。

2. 适用范围

(1) 基坑侧壁安全等级宜为三级。

(2) 场地开阔，满足放坡尺寸要求。

(3) 地基土质较好、基坑深度较浅。

(4) 对于深度大于 5m 的基坑，可分级开挖并设分级平台；边坡可按上陡下缓的原则设计。

4.4.2.2 板桩支护

在输变电工程中，因场地狭小、不宜放坡开挖时，板桩支护形式应用最多。

板桩可以是钢桩、钢管、各种型钢和工厂专门制作的定型产品，可以间隔式打入，也可带楔槽连接，中间有专门的防渗构件；还可以预先连接成片，形成屏风，整片沉入。对较浅基坑，可用悬臂式板桩；对于较深的基坑，可采用带内支撑或外部锚定的板桩。

钢板桩打设工艺程序：测量定位放线→桩机导架安装就位→板桩就位→桩帽安装→锤击板桩→板桩沉入设计标高→桩机移位，重复施工板桩至结束→板桩支撑安装。

4.5 基 坑 监 测

开挖深度超过 5m（含 5m），或开挖深度小于 5m 但现场地质情况和周边环境较复查的基坑工程以及设计明确要求进行监测的基坑工程，应按要求实施基坑工程监测。监测周期应从基坑开挖前现场监测的准备工作、基坑开挖直至基坑回填完毕。

基坑监测应由建设方委托具备相应资质的第三方对基坑工程实施现场监测，并编制专项监测方案，同时应经建设方、设计方和监理等认可。

根据基坑工程等级，结合《建筑基坑工程监测技术标准》（GB 50497—2019）及设计方提出的技术要求（如监测项目、监测频率和监测报警值等）选择基坑监测项目。根据支护结构的具体形式、基坑周边环境的重要性及地质条件的复杂性确定监测点部位及数量，选用的监测项目及其监测部位应能够反映支护结构的安全状态和基坑周边环境受影响的程度。

基坑监测数据及现场巡查结果应及时整理和反馈。当出现危险征兆时，应立即报警。基坑及支护结构监测报警值见表 4-5，建筑基坑工程周边环境监测报警值见表 4-6。

表4-5

基坑及支护结构监测报警值

序号	监测项	支护机构类型	一级 累计值 绝对值(mm)	一级 累计值 相对基坑深度(h)控制值	一级 变化速率(mm/d)	二级 累计值 绝对值(mm)	二级 累计值 相对基坑深度(h)控制值	二级 变化速率(mm/d)	三级 累计值 绝对值(mm)	三级 累计值 相对基坑深度(h)控制值	三级 变化速率(mm/d)
1	墙(坡)顶水平位移	放坡、土钉墙、喷锚支护、水泥土墙	30~35	0.3%~0.4%	5~10	50~60	0.6%~0.8%	10~15	70~80	0.8%~1.0%	15~20
		钢板桩、灌注桩、型钢水泥土墙、地下连续墙	25~30	0.2%~0.3%	2~3	40~50	0.5%~0.7%	4~6	60~70	0.6%~0.8%	8~10
2	墙(坡)顶竖向位移	放坡、土钉墙、喷锚支护、水泥土墙	20~40	0.3%~0.4%	3~5	50~60	0.6%~0.8%	5~8	70~80	0.8%~1.0%	8~10
		钢板桩、灌注桩、型钢水泥土墙、地下连续墙	10~20	0.1%~0.2%	2~3	25~30	0.3%~0.5%	3~4	35~40	0.5%~0.6%	4~5
3	围护墙深层水平位移	钢板桩	50~60	0.6%~0.7%	2~3	80~85	0.7%~0.8%	2~3	90~100	0.9%~1.0%	4~6
4	立柱竖向位移		25~35		2~3	35~45		2~3	55~65		8~10
5	基坑周边底边向位移		25~35		2~3	50~60		4~6	55~65		8~10
6	坑底回弹		25~35		2~3	50~60		4~6	55~65		8~10
7	支撑内力		(60%~70%)f			(70%~80%)f			(80%~90%)f		
8	墙体内力										
9	锚杆拉力										
10	土压力										
11	孔隙水压力										

注　1. h为基坑设计开挖深度；f为设计极限值。

2. 累计值取绝对值和相对基坑深度(h)控制值两者中较小值。

3. 当监测项目的变化速率3d超过报警值的50%,应报警。

表 4-6　　　　　　　　　　　　　　建筑基坑工程周边环境监测报警值

监测对象	项目			累计值		变化速率 (mm/d)	备注
				绝对值（mm）	倾斜		
1	地下水位变化			1000	—	500	—
2	管道位移	刚性管道	压力	10～30	—	1～3	直接观察点数据
			非压力	10～40	—	3～5	
		柔性管线		10～40	—	3～5	
3	邻近建（构）筑物	最大沉降		10～60	—	—	—
		差异沉降		—	2/1000	$0.1H/1000$	—

注　1. H 为建（构）筑物承重结构高度。
　　2. 第 3 项累计值取最大沉降和差异沉降两者中较小值。

5 机械化施工

多年来，输变电工程深基坑作业仍然停留在"人力为主、机械为辅"的状态，机械化程度低、安全风险大、质量控制难、作业效率差。随着经济的快速发展，高效率、高质量、低风险的全过程机械化施工已成为必然。深基坑机械化施工突出"设计标准化、施工机械化、作业规范化"，逐步实现施工作业由机械代替人力，解决人力紧缺和人工成本上涨的问题，同时有效控制施工风险、提升施工质量与施工效率。

当前，旋挖钻机和潜水钻机已广泛应用于输变电工程深基坑施工，积累了较为丰富的现场经验。一批适用于不同地形地质条件下机械化施工的新型装配式基础，如钻埋式预制管桩基础、锚杆静压微型桩基础、钻埋式预制微型管桩基础等，已成功试点应用在湖北省电网工程建设中，取得了良好的效果。

5.1 钻孔灌注桩施工

钻孔灌注桩机械化施工主要分为两类，一类是采用旋挖钻机掏挖取土作业成孔，适用于无水黏性土地基，如挖孔桩基础、掏挖基础；另一类是采用潜水钻机泥浆护壁成孔，适用于各种黏性土、沙土等地基中，如灌注桩基础。

5.1.1 旋挖钻机成孔施工

5.1.1.1 装备定义

旋挖钻机是以回转斗、短螺旋钻头或其他钻具进行钻进，并采用旋挖逐次取土、反复循环作业而成孔的钻机（见图 5-1 和图 5-2）。

5.1.1.2 旋挖钻机性能简介

旋挖钻机可实现在多种地层中的成孔作业。除回转斗和短螺旋钻头外，旋挖钻机还可通过配置长螺旋钻具、套管及其驱动装置、扩底钻斗及其附属装置、预制桩桩锤等不同的作业装置，完成多种桩的成孔施工。旋挖钻机适用于黏性土、粉土、砂土、淤泥质土、人工回填土及含有部分卵石、碎石等地层的基础施工。

5.1.1.3 施工准备及资源配置

1. 施工准备

（1）施工参与人员要接受旋挖钻机钻孔作业的操作交底和班前培训。

（2）现场施工技术员、质检员要熟悉基础图纸、关键部位尺寸及特殊要求。

（3）全体施工人员已接受安全技术交底，施工现场使用的设备、工器具经相关检验合格并申报审批。

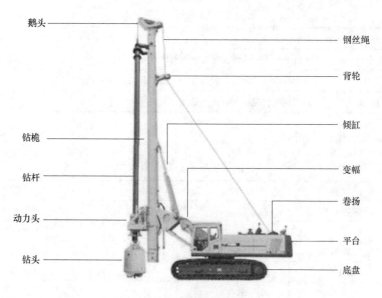

图 5-1　旋挖钻机结构图

图 5-2　旋挖钻机钻孔施工

2. 人员配置及职责分工（见表 5-1）

表 5-1　　　　　　　　　　旋挖钻机人员配置及职责分工表

序号	工种	职责
1	现场负责人	全面负责基础施工的组织、协调和现场指挥等
2	专业钻机操作手	负责施工机械的操作、维护和保养
3	技术员	负责施工过程中各工序质量技术措施的执行和技术数据的复核，配合施工负责人指导现场施工作业

序号	工种	职　责
4	安全员	执行安全生产作业文件，定时排查现场管理中的不安全因素，全面履行安全职责
5	测工	负责基础施工测量，配合质检员做好质量监测和检查验收
6	普工	服从现场管理，配合现场施工

3. 设备机具配置（见表 5-2）

表 5-2　　　　　　　　　旋挖钻机成孔机具配置表

序号	名称	单位	数量	备注
1	旋挖钻机	台	1	基坑开挖
2	铲车	台	1	场地平整
3	电镐	台	1	配合钻孔使用
4	发电机	台	1	现场临时用电
5	铁锹	把	4	取土清坑
6	经纬仪	台	1	桩位测设、角度距离测量
7	钢卷尺	把	1	细部放样、距离测量
8	通风设备	套	1	坑洞通风
9	梯子	副	4	上下基坑

4. 旋挖钻机技术参数（见表 5-3）

表 5-3　　　　　　　　　旋挖钻机技术参数表

名　称		参　数		
		轻型	中型	综合型
钻孔直径范围（mm）		600、800、1000、1200、1400	600、800、1000、1200、1400	800、1000、1200、1400、1600、2000
最大钻孔深度（m）		土层 25	土层 25 岩层 12	土层 25 岩层 12
适用岩石单轴饱和抗压强度范围（MPa）		0～2	0～25	0～60
行走宽度（mm）		2600	2600	2600
整机质量（标准配置下不含钻具）（t）		≤20	≤30	≤40
动力头	动力头的最大扭矩（kN·m）	80	150	200
	动力头的钻具（r/min）	7～35	7～35	7～35
	主卷扬机提升力（kN）	100	100	160
	副卷扬机提升力（kN）	60	50	100
	转台回转角度（°）	260	360	360
行走宽度	底盘形式	轮胎式	履带式	履带式
	整机最大行走速度（km/h）	40	2.5	3
	整机最大爬坡角度（°）	15	20	30

　　注　本表参数引自《输电线路全过程机械化施工技术　装备分册》（国家电网公司基建部组编），供施工选用参考。

5.1.1.4 灌注桩基础旋挖钻机成孔施工工艺及操作步骤

1. 施工工艺流程（见图5-3）

2. 施工操作步骤

（1）基面平整。旋挖钻机操作手根据现场地形条件，充分考虑余土存放点位置，选择合适机位，指挥铲车进行基面平整，保证基面水平度及地面承载力满足旋挖钻机安装就位要求。

（2）基坑定位。根据线路平、断面图及基础图纸进行分坑，按设计孔口尺寸用石灰标示出孔口，采用十字桩标示出基孔中心位置。

（3）旋挖钻机定位。根据掏挖基础的截面尺寸选择相应直径的钻头，移动旋挖钻机到达机位。移动旋挖钻机时，注意保护中心桩及各控制桩。

（4）埋设护筒。钻机就位后，将钻尖对准桩位中心，钻机旋挖1~2m后放下护筒（见图5-4）。一般护筒埋深1~2m，护筒直径应比桩孔直径大200mm，护筒底进入黏土层不少于0.5m，护筒埋设的倾斜度控制在1‰以内，护筒埋设偏差不得超过30mm，护筒四周用黏土回填，分层夯实；护筒埋设完成后，应由测量人员复核、校正桩位与护筒中心偏差。经现场技术员检测符合设计施工要求，报监理工程师确认后，方可进行钻进作业。

（5）开挖样洞。根据基坑开挖尺寸先挖出样洞，深度约300mm。样洞挖好后，复测根开、对角线等重要控制尺寸，同时复核地质情况，确认与设计相符后，方能继续钻进。

（6）主柱钻进。基坑主柱挖掘过程中，以机械臂带动钻头向下钻进，待土填满旋挖钻头后，将渣土提运至孔口上方，倒至距孔口不小于1.5m远的余土存放点。

（7）基坑清理。由上至下修理坑壁及清除坑底浮土，清理时注意保护好中心桩及控制桩。

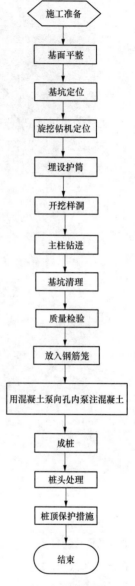

图5-3 旋挖钻机成孔机械化施工工艺流程图

（8）质量检验。复核基础中心桩、基坑根开、半根开及半对角等数据；复核孔口直径、孔深、孔壁垂直度及孔底浮土是否满足设计要求；组织自检，形成检查记录。

钻孔灌注桩基础钢筋加工与安装、混凝土浇筑等工序与挖孔类基础的施工工艺相同，本节不再赘述，详见第3章。

5.1.1.5 旋挖钻机成孔注意事项

1. 安全保证措施

（1）进入施工现场，必须正确佩戴安全帽和安全防护用品。

图 5-4 旋挖钻机成孔施工
(a) 放置护筒前;(b) 放置护筒后;(c) 渣土提出基坑;(d) 成孔效果

(2) 施工现场必须满足文明施工。成孔设备移除后,对坑洞要加设孔洞盖板和安全围栏,防止人员、牲畜误入坠落。

2. 环保措施

(1) 施工过程中应密切注意钻机工作状态,一旦发生漏油、漏液等情况,及时采取有效措施对其进行堵漏,并将污染土壤运到指定的地点,进行无害处理。

(2) 开挖出的土不得随意堆放,必须按照施工平面布置堆放在指定位置,并采取有效措施,防止大风扬尘污染环境。

(3) 基础浇筑完成后,要将开挖出的土方平整在基坑周围,尽可能恢复原貌,不得随意丢弃,减少现场植被破坏,防止造成水土流失。

(4) 施工完成后,妥善处理施工垃圾,做到"工完、料尽、场地清"。

3. 施工质量控制要点

(1) 基坑控制。基坑开挖时,质检员要随时检查旋挖钻机钻杆的垂直度,防止因钻杆倾斜导致基坑偏斜,影响钢筋保护层厚度达标;成孔后,要对基础主柱孔径进行复核,确保钢筋保护层厚度达到设计要求。

(2)孔深控制。钻孔时,应该严格按照设计深度控制设备钻进操作,基础主柱钻进深度达到设计要求后,停止机械开挖。

(3)孔壁保护:①钻机在作业过程中,因卸土需要多次往复通过成孔上部,容易造成孔壁和孔口破坏。所以在提升钻头时,首先应该检查钻杆是否在回转中心0°初始位置,如果不在初始位置,应该调零后再提升。②钻头提升应该缓慢匀速,待其完全离开地面后再转离孔口;复位时,应先使钻头对中后再缓慢下降,以避免孔壁破坏。③若孔口土质较松散,不易成型,必须采取浇筑护壁等防坍塌措施,确保安全和成孔质量。

(4)垂直度控制:①在钻机作业时,需随时使用经纬仪或吊锤监控钻杆的垂直度和钻机的平稳性,如果钻杆发生较大角度的倾斜,应该立即停钻并查明原因,恢复钻机平稳状态后,方可继续钻挖。②加强检查,钻头每钻进2m,应用垂球法对坑洞垂直度进行一次检查。③根据地质情况合理控制钻进速度,防止孔壁倾斜。

5.1.1.6 旋挖钻机灌注桩成孔施工优缺点分析

1. 优点

采用旋挖钻机成孔与传统人工施工相比,优点如下:

(1)能自动定位、垂直旋孔,成孔质量好、速度快、工作效率高,能够大幅缩短施工工期。

(2)提高了输电线路施工机械化程度,降低了孔底作业人员的安全风险和劳动强度。

(3)减少水土流失与尘土泥浆污染,利于环保。

(4)提高孔壁的平整光滑度、密实度,杜绝超挖、形状不规则等现象的出现,有效地提高了施工质量,减少了混凝土超灌量,降低了施工成本。

2. 缺点

(1)受地形限制。中型或综合型旋挖钻采用履带式行进,行进速度较慢,设备进场受道路宽度及地基承载力制约。

(2)受地质限制。针对不同的地质条件,需换用不同的钻头,如:截齿筒钻适用于硬基岩或卵砾石,牙轮筒钻适用于坚硬基岩和大漂石等。

(3)受成本限制。设备价格昂贵,运行和维护费用较高,加之设备租赁来源不够广泛,导致现阶段机械施工成本仍高于人工施工成本,从而制约了其大规模的使用。

(4)输电线路塔位分散,机械在塔基之间的辅助工作时间占比高,作业时间相对少,降低了旋挖钻机整体施工效率。

综上所述,在地形、地质条件符合要求的情况下,采用旋挖钻机机械化成孔施工,能够大幅提高灌注桩基础施工的机械化程度,降低施工人员的安全风险及劳动作业强度,减少工程的建设和施工投入成本,具有良好的经济效益和社会效益。

5.1.2 潜水钻机成孔施工

5.1.2.1 装备定义

潜水钻机由潜水电动机、行星齿轮减速器和笼式钻头等部件组成。钻孔时,潜水动力装置由潜水电动机通过减速器将动力传至输出轴，带动钻头切削土层。作业时，动力装置潜入孔内直接驱动钻头回转切削，钻杆起到连接、传递扭矩和输送泥浆的作用。采用泵吸反循环或正循环方式将钻渣从孔内通过胶管或钻杆排出孔外。通过水下泥浆护壁，实现成孔。

1. 结构组成

潜水钻机主要由钻孔台车和钻具两部分组成。钻孔台车包括钻架、底座、卷扬机和配电系统等部分，钻具包括提引接头、钻杆、钻铤、潜水动力装置和钻头等部分。潜水钻机钻孔示意图如图 5-5 所示。

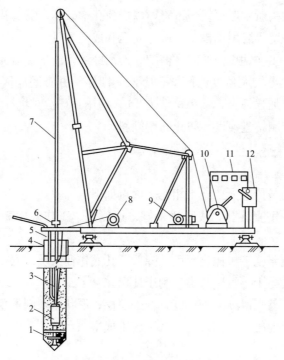

图 5-5　潜水钻机钻孔示意图

1—钻头；2—潜水钻机；3—电缆；4—护筒；5—水管；6—滚轮（支点）；7—钻杆；

8—电缆盘；9—副卷扬机；10—主卷扬机；11—电流、电压表；12—启动开关

2. 结构说明

钻架：钢结构塔架，包括立杆和斜撑杆。立杆顶部设有横梁，用于支撑和吊起冲抓钻头；斜撑杆用于形成稳定结构。

底座：钻机的底盘，起稳定钻架和固定卷扬机的作用。底座上设有卷扬机和电动机固定座。

卷扬机：起吊钻杆、钻头的动力装置，包括电动机和起吊钢丝绳。

配电系统：配备专用配电装置，要求具有专用保护零线中性点直接接地的系统，即 TN-S 接零保护系统（三相五线制系统）。

提引接头：连接钻头和潜水动力装置的杆件系统。

钻杆：连接钻头和钻铤的杆件，确保成孔竖直度。

钻铤：位于钻杆柱与岩心管或钻头之间的厚壁钻杆，用于对钻头施加钻压，改善钻杆柱受力情况。

潜水动力装置：钻机的动力部分，为充油式潜水电动机，电动机内充有 25 号变压油。为防止内部变压油往外泄露和外部泥水进入，电动机下部配有密封装置。所有连接部位均有密封圈。电动机定子绕组引出线采用特殊处理的电缆接头和外部电源相连。

钻头：连接钻杆的最底部，切削孔底岩土，用于掘进成孔。

5.1.2.2 潜水钻机性能简介

潜水钻机的旋转动力装置直接安装在钻头上，随钻头潜入水中，放入孔底，由孔底钻头上旋转动力装置带动钻头钻进成孔。潜水钻机是钻孔灌注桩的理想成孔机械，适用于黏性土、黏土、淤泥、淤泥质土和砂土等地质，尤其适用于软土地质的桩基础施工，不宜用于碎石土和砂砾石土层。传统的潜水钻机一般采用固定式结构（见图 5-6），当现场交通运输条件较好，道路可以直达塔位时，也可以选用车载式潜水钻机（见图 5-7）。

图 5-6　固定式潜水钻机

图 5-7　车载式潜水钻机

5.1.2.3　施工准备及资源配置

1. 施工准备

（1）施工参与人员要接受潜水钻机钻孔作业的操作交底和班前培训。

（2）现场施工技术员、质检员要熟悉并掌握基础图纸、关键部位尺寸及现场特殊要求。

（3）全体施工人员已接受安全技术交底，施工现场使用的设备、工器具经相关检验合格并申报审批。

2. 人员配置及职责分工（见表5-4）

表5-4　　　　　　　　　潜水钻机人员配置及职责分工表

序号	工种	职　责
1	负责人	全面负责基础施工的组织、协调和现场指挥等
2	机长	负责施工机械的操作、维护和保养
3	技术员	负责施工过程中各工序的质量技术措施的执行和技术数据复核，配合施工负责人指导现场施工作业
4	安全员	执行安全生产作业文件，定时排查现场管理中的不安全因素，全面履行安全职责
5	测工	负责基础施工测量、复核
6	普工	配合潜水钻机施工

3. 设备机具配置（见表5-5）

表5-5　　　　　　　　　潜水钻机成孔机具配置表

序号	名称	单位	数量	备注
1	潜水钻机	台	1	主柱开挖
2	铲车	台	1	平整场地
3	发电机	台	1	现场临时用电
4	铁锹	把	4	取土清坑
5	经纬仪	台	1	桩位测设、角度距离测量
6	钢卷尺	把	1	细部放样、距离测量
7	通风设备	套	1	坑洞通风

4. 技术参数（见表5-6）

表5-6　　　　　　　　　潜水钻机技术参数表

参数＼型号	JQS-1200	JQS-1250	JQS-1500	JQS-2500
钻孔深度（m）	0～100			
钻孔直径（mm）	550～1200	550～1250	800～1500	1800～2500
主机转数（r/min）	120/90	45	35	8
主机最大扭矩（kN·m）	1700/2300	4660	6000	50 000
潜水电动机功率（kW）	30	30	22×2	22×2

续表

参数 \ 型号	JQS-1200	JQS-1250	JQS-1500	JQS-2500
潜水电动机转数（r/min）	960			
主机质量（kg）	600/800	700	1000	7500
整机质量（kg）	13 000	13 500	15 500	34 000

注 本表参数引自《输电线路全过程机械化施工技术 装备分册》（国家电网公司基建部组编），供施工选用参考。

5.1.2.4 灌注桩基础潜水钻成孔施工工艺及操作步骤

1. 施工工艺流程（见图5-8）

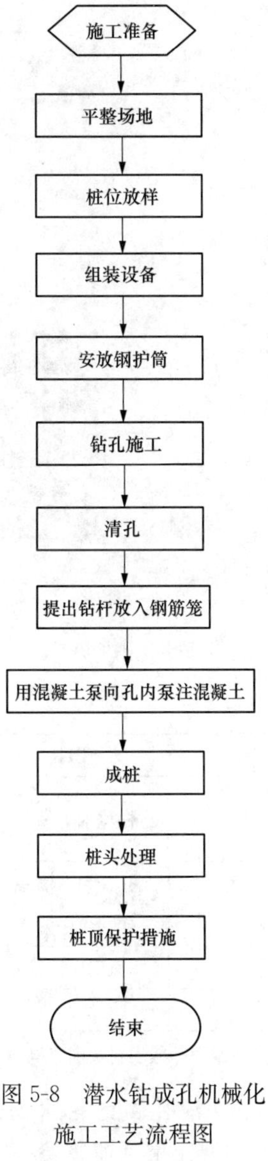
施工准备
平整场地
桩位放样
组装设备
安放钢护筒
钻孔施工
清孔
提出钻杆放入钢筋笼
用混凝土泵向孔内泵注混凝土
成桩
桩头处理
桩顶保护措施
结束

图5-8 潜水钻成孔机械化施工工艺流程图

2. 施工操作步骤

根据现场施工条件，采用潜水钻机进行施工。施工过程中严格控制各道工序，确保钻孔灌注桩的成孔质量。

（1）平整场地。施工前，需对塔位施工场地进行平整并设置泥浆池，泥浆池包括制浆池和沉淀池，应分开设置。泥浆池的容量应大于计算泥浆数量，防止泥浆外溢造成环境污染。泥浆池周围设1.2m高安全防护栏，挂设警示标志牌，夜间设红色警示灯，防止行人和牲畜误入发生意外。

（2）桩位放线。①根据基准线或基准点测放出四边桩轴线，并外引控制桩；②采用二次放线法，先在地面初步测放出桩位，沿桩位中心向下挖出深0.5m的土坑；③精确测放桩位，并打入木桩、楔入小铁钉作为桩位标记，挂上桩号牌，自检合格；填写报告单，报请业主和监理人员复核验线并确认合格；④将桩坑填埋，防止车辆碾压桩位和其他异物碰撞桩位，保证桩位符合规范要求。

（3）组装设备。对于固定式潜水钻机，可拆卸运输至现场后进行组装；对于车载式潜水钻机，可直接进场施工。

（4）安放钢护筒。孔口钢护筒高度一般为1.8～2.0m；护筒埋深大于1.5m，护筒外侧高出原地面0.3m的部分用黏土填筑并夯实，并使护筒平面位置中心与桩位设计中心一致。设置孔口钢护筒的主要功能是确保桩位不产生偏离，预防施工过程发生塌孔，防止施工时孔内泥浆外溢产生现场污染，减少或避免钢筋笼安装入孔时与桩孔壁碰撞，隔挡孔口的石块或异物等掉入孔中。

（5）钻孔施工。上述准备工作完成后，钻机即可就位准备开钻。在钻孔过程中，对泥浆的要求如下。

1）采用正循环泥浆护壁成孔，循环泥浆性能要求为：①注入孔口的泥浆比重≤1.10；②排出孔口的泥浆比重≤1.20。

2）砂石泵启动前要检查系统的密封情况，从砂石泵吸入口到钻头吸渣口，若发现密封不好应及时处理。

3）启动砂石泵，待反循环正常后，才能开动钻机慢速回转下放钻头。开始钻进时先轻压慢转，当钻头正常工作后，逐渐加大转速、调整钻压。

4）钻进过程中应细心观察进尺及砂石泵排渣出渣情况，排量减少或水中含钻渣较多时应适当控制钻进速度。

5）钻进时，如孔内出现坍孔等异常情况，应立即将钻具提离孔底并控制泵量，保持冲洗液循环以吸除坍落物；同时向孔内输送性能符合要求的泥浆，以抑制坍孔。

6）为提高钻进效率和保证孔壁稳定，须及时换浆和排渣，确保泥浆性能指标满足钻进成孔需要（见图5-9）。

图5-9 潜水钻机钻孔施工

成孔质量标准见表5-7。

表5-7　　　　　　　　　　　　　　　　成孔质量标准

序号	项目	质量标准
1	桩位水平偏差	单桩、单排桩基垂直于中心线方向和群桩基础中的边桩：$D/6$，且$\leqslant100mm$
		条形桩基沿中心线方向和群桩基础中的中间桩：$D/4$，且$\leqslant150mm$
2	孔径允许偏差	$\pm50mm$
3	孔深允许偏差	孔深大于设计深度
4	垂直度允许偏差	$<1.0\%$
5	孔底沉渣	端承桩$\leqslant50mm$；摩擦桩$\leqslant100mm$

注 本表参数引自《国家电网公司输变电工程标准工艺》（国家电网公司基建部组编），供施工选用参考。

（6）清孔。钻孔达到设计深度后，钻机空转不进尺，同时加大泵量，以比重1.05～1.10的低比重新泥浆替换孔内比重较大的泥浆进行清孔。

（7）提出钻杆，放入钢筋笼（见图5-10）。

图 5-10 吊钢筋笼放入桩孔

1）钢筋笼的制作应位于孔位附近平坦地面上，设置的加工制作区应配置相应的照明、供电和焊接设备。

2）钢筋的种类、型号及尺寸须符合设计要求。

3）钢筋笼制作：先将主筋等间距布置在钢筋绑扎支架上，保证每节钢筋笼主筋位置一致，待固定住架力筋（加强筋）后，再按照规定的间距布置箍筋。箍筋、架力筋与主筋之间的焊接采用点焊。

4）钢筋笼主筋的连接可采用焊接或者机械连接的方式，连接要求执行相关规程规范。

5）为防止钢筋笼在制作、吊装和运输过程中产生变形，在加工钢筋笼时要按设计要求布置架立筋，并与主筋焊接牢固，以增大钢筋笼刚度。吊点位置要求设置在加固处。

6）钢筋笼视其长度可采用吊车整体吊装或分段吊装的方法进行安放，吊装过程中须有专人指挥，指挥发出的指挥信号必须清晰、准确。

7）钢筋笼吊放应垂直对准孔口轻放慢放，避免碰撞孔壁。

（8）用混凝土泵向孔内泵注混凝土。混凝土的浇注采用水下混凝土浇注施工工艺。

混凝土浇注完成后，经过桩头处理和桩顶保护措施，潜水钻机灌注桩基础机械化施工便基本完成。

5.1.2.5 施工控制要点

（1）安装钻机时，潜水钻机、卷扬机和砂石潜水泵的电缆均应接入配电箱，并不得有破损。钻杆必须卡固在导向滚轮内。钻杆顶部应焊接吊环，并系上保险钢丝绳，钢丝绳的另一端必须系在钻井架上。

（2）作业前，应根据土层类别、孔径大小及钻孔深度等确定钻进速度。

（3）正循环成孔时，应先在护筒内灌满泥浆，然后开机钻进。钻进时，应先轻压、慢钻并控制泵量，进入正常钻进后，逐渐加大转速和钻压。

（4）反循环成孔时，应先启动砂石泵，待泵组启动并形成正常反循环后，才能钻进。开始时，应先轻压、慢钻，进入正常钻进后，逐渐加大转速和钻压。

（5）正常钻进时，应合理控制钻进参数，及时排渣。操作时应掌握好起重滑轮组钢丝绳和进浆胶管的松紧度，减少晃动。

（6）加接钻杆时，应先将钻具提离孔底 0.2～0.3m，待泥浆循环 2～3min 后，再拧卸接头加接钻杆。

（7）钻孔作业时，电缆、胶管和钻杆必须同步下放至孔内。

（8）钻孔作业时，应注意钻机操作有无异常情况，如发现电流值异常、钻机摇晃、跳动或钻进困难，应略微提起钻具，减轻钻压，放慢进尺，待情况正常后，方可恢复正常钻进参数和钻进速度。

（9）作业时，应严格控制护筒内外水位差，防止坍孔。

5.1.2.6 灌注桩基础潜水钻成孔优缺点分析

1. 优点

（1）潜水钻机设备简单，施工转移方便，适用场地广泛，即便是狭小场地也能正常施工。

（2）施工噪声小，耗用动力小，成孔效率高，整机潜入水中钻进时无噪声，且因采用钢丝绳悬吊式钻进，整机钻进无振动。

（3）设备轻巧灵便，适用于软土地质，尤其是可以解决湖区、鱼塘、河网等地质受限区域的基础成孔施工，不受地下水影响。

2. 缺点

（1）钻孔时采用泥浆护壁，需制备泥浆，易造成现场泥泞，污染环境。

（2）采用反循环钻孔时，如土体中有较大石块则容易卡管。

（3）护壁泥浆控制不好容易产生桩侧周围土层和桩尖土层松散，使桩径扩大、混凝土超灌量偏大。

（4）潜水钻机孔径一般较小，对于单桩大直径孔径的施工比较困难。

（5）孔底沉渣难以清理干净，易弱化桩端承载力。

（6）浇筑水下混凝土时，夹泥断桩的情况常有发生，易造成桩身混凝土质量事故。

潜水钻机设备轻巧灵便，施工操作方便，经济性较好，特别适用于湖区、河网以及冲积平原等地下水位较高地区的灌注桩成孔施工。随着泥浆制备车的研发及配套设施的完善，潜水钻机必将在输变电工程机械化成孔施工中得到广泛应用。

5.2 钻埋式预制管桩施工

预应力混凝土管桩是高强度空心结构，采用先张法预应力张拉、离心成型和高压蒸养，使得桩身混凝土强度等级达到 C80 以上，质量稳定、可靠，耐久性好；采用高强钢筋和预应力工艺，使得管桩具有较高的抗裂性和较大的抗弯刚度；采用工厂化模式预制，拥有完善的管理体系，能够在降低桩基础成本的同时保证质量；通过接桩，能够实现不同设计桩长的要求。

预应力混凝土管桩优点突出，将其引入输变电工程中，研究开发出一种钻埋式预制管桩基础，通过先钻孔（钻孔直径比管桩外径大 10～20mm），再将管桩逐节接长后居中放置于钻孔中，然后通过桩底注浆装置灌浆，将桩与周围土体紧密结合，能够同时发挥钻孔桩与预制桩的优势，具有较好的经济价值和社会效益。目前该工艺已成功试点应用在随州烈山—江头店 220kV 线路工程基础施工中，其主要施工工艺如图 5-11 所示。

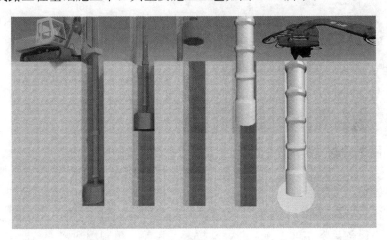

图 5-11　钻埋式预制管桩基础施工工艺

5.2.1　混凝土空心桩桩节的预制与运输

5.2.1.1　桩节预制场地的要求

预制场地需根据实际情况选择。当现有的桩节预制场距离线路工程塔位过于遥远时，也可采用新建桩节预制场。一般情况下，新建预制场地多选在塔位附近，以减少预制桩节的运输距离，提高工作效率。

预制场地要求平整，地面要压实，防止沉陷。关键是选择合适的起吊运输方式，门吊因其具有起重和运输两种功能，可作为预制场内首选的起吊运输设备。在门吊的工作范围内，应整体考虑桩壳预制台座、成品堆放、运输工具移动及桩壳吊装上车等不同工序的平面布置，使其互不干扰。另外，还要安排钢筋制作、砂石料堆放、水泥仓库、拌和机作业以及水、电供应系统等，使其能与龙门吊成为有机的联系整体。同时，预制场要设排水系统，主要用来排出雨水和预制桩节的养生用水，以确保预制场内无积水，保持预制场的稳定。

5.2.1.2　模板的制作

模板由内模板、外模板和定位模板三部分组成，各部分之间都用螺栓夹橡皮连接。定位模板一般采用钢模板，用钢板整体加工制作，以确保表面平整度误差和接头螺栓位置误差均小于 1.0mm。模板的高度要视施工单位的起吊能力而定，一般以 1.0～2.0m 为宜，最大可达 3.0m。空心桩内、外模板的制作要求坚固耐用、不易变形、不漏水、装卸方便和能重复使用，推荐采用钢模。空心桩底节的构造和其余各桩节不同，要求带底板，且在底板上留有注浆管孔。

5.2.1.3　桩节预制

在桩节的预制过程中，高压蒸养时应特别注意控制温度和时间，注意埋设好连接盒子及端板，以形成连接接头。同时，用不凝固的环氧树脂制作桩节顶面隔离剂，以便与将来的环

图 5-12 预制管桩实体图

氧树脂胶粘缝，能够避免很多因修凿桩节造成的费工费时。预制管桩实体图如图 5-12 所示。

5.2.1.4 桩节的运输与存放

桩节预制过程中及预制完成后，都存在着桩节的运输及存放问题。预制桩节在未成桩之前，属钢筋混凝土构件，其直径大，在起吊、运输与堆放过程中产生的动荷载足以使管节产生环裂。同时，由于每根空心桩节都是对接预制的，因此，在堆放过程中必须按预制时的顺序进行编号，并在桩节之间垫枕木以免压坏桩节接头、污染混凝土接触面。

桩节的运输包括从桩节预制地至桩节存放地、从桩节存放地至施工场地两个运输过程。由于钻埋式预制管桩基础的重要特点之一是桩身分节预制，各桩节高度的大小决定了预制桩节的自重，而该自重又受到起重设备能力限制。因此，运输设备是空心桩节施工的关键技术。目前，预制场和施工场地主要采用的运输设备为门吊。中间转运过程可采用货车、索道、人力运输等方式。由于空心桩壳外表不能打孔和设置吊环，因此在运输时采用特制的吊装夹具——钢板（抱箍）夹具，将桩节紧扣在一起，钢板和桩壳间的空隙用木塞塞紧。

5.2.2 钻埋式预制管桩后注浆（压浆）施工工艺

5.2.2.1 工艺简介

1. 工艺原理

钻埋式管桩后注浆工艺是通过桩底的压浆腔进行灌浆，水泥浆自桩端沿桩四周均匀分布，并逐渐向上翻浆，填充管桩与钻孔之间的间隙，灌浆体与管桩外壁、桩周土层胶结在一起。压浆腔事先预制，现场焊接在最下一节的管桩底部，并随管桩一起下放至孔底。通过注浆腔标准化设计和工厂化加工，能够有效保证注浆质量。

2. 设计结构

后注浆装置主要包括：主注浆管、转换接头、注浆腔、出浆管、连接螺套、堵头和端头钢板（见图 5-13）。主注浆管与注浆腔通过转换接头连接，注浆腔与出浆管采用焊接形式相连，出浆管末端设置有堵头，注浆腔焊接于端头封底钢板上。封底钢板与管桩端头板焊接，使管桩成为闭口桩，能够提高管桩的抗压承载力，同时能够防止浆液流至管桩腔体内，造成浪费。

3. 工艺流程

在分节接桩、沉桩的过程中，同步完成注浆管路的安装工作，待管桩接长到设计桩长并沉放到位后，即可开始后注浆作业。在搅拌池中将水泥浆液搅拌均匀，泥浆泵将水泥浆压送到主注浆管，沿主注浆管到达注浆腔。注浆腔具有缓冲、缓压作用，并能将水泥浆均匀分配至与注浆腔相连的 4 根出浆管，浆液沿桩外壁四周分布均匀且同步上升。管桩外壁设置有满足粗糙度设计要求的刻纹，浆体与管桩外壁黏结紧密，并与孔周土层胶结，增加了管桩-浆体-土体

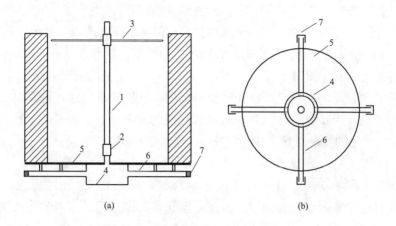

图 5-13　后注浆装置设计结构图

（a）剖面图；（b）俯视图

1—主注浆管；2—转换接头；3—三角对中架；4—注浆腔；5—端头钢板；6—出浆管；7—堵头

的摩擦力，可有效提高单桩承载力。钻埋式预制管桩后压浆施工工艺流程如图 5-14 所示。

钻埋式预制管桩基础部分施工工序与前文中其他基础施工方法相同，在本节不再赘述，仅对重点工序进行阐述。

5.2.2.2　施工操作步骤

1. 成孔

钻埋式预制管桩后注浆工艺，需先成孔、后沉桩。为了保证成孔质量，采用旋挖钻机成孔。地层条件较差时，为预防孔壁坍落、缩孔等现象，采用泥浆护壁成孔；地层条件较好时，可采用干钻的方式成孔。

钻孔完成后、沉桩开始前，若出现孔壁局部坍落、缩孔等现象，可用旋挖钻机快速清孔。

2. 沉桩与接桩

（1）沉桩前的准备。

1）孔口设备安装。孔口设备安装包括导向架、支承托架和平台上运输设备的固定。导向架用型钢焊制而成，其主要作用是使空心桩节在孔内顺直拼接，其内径比预制桩节外径大 2cm 左右，高度为 1~3m，一般在桩节拼接之前焊接在施工平台支架上，其中心线与桩孔中心线一致。支承托架用型钢焊制，一般为对称的多边形结构，单层最小对边尺寸比预制桩节外径大 2cm 左右。支承托架主要安放在施工平台上，用于临时支承预制桩节，要求一般能承受两个桩节的重量，其安装中心线与桩孔中心线一致。平台上简易固定门吊，其吊重只需承受单节空心桩节的重量，单轮可用人力推动行走，高度为两

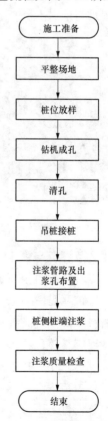

图 5-14　钻埋式预制管桩后注浆施工工艺流程图

桩节之和，宽度与钢护筒直径相同。在门架上挂有拉链葫芦，用于临时吊运桩节。

2）桩底抛石。对于钻孔灌注桩，钻孔达到设计标高后进行清渣，并测定孔底沉淀厚度。当消除沉淀层后的桩长符合设计要求时，进行净孔后换浆。钻埋式预制管桩基础对孔底消渣净孔工作的技术质量标准高于普通灌注桩基础。为了防止桩底泥沙沉积，要求净孔后用PHP泥浆进行孔底泥浆的置换，确保孔底无沉淀层。置换泥浆可通过泥浆泵，或者利用钢管注浆机压入定量的PHP泥浆至孔底，以改善孔底的泥浆质量。泥浆技术控制指标：相对密度1.08～1.10、黏度20～23s、pH值7～8、胶体率99%～100%。对于人工挖孔桩，挖孔成形后无须换浆。

注浆管一般采用ϕ50的钢管，管两端车制螺纹，外面再用带内螺纹的套管相连接，接长后放入孔底。注浆管一般有4根，可兼做预制桩壳定位用。当测量孔底沉淀厚度超过5cm时，应立即利用注浆泵通过注浆管压入PHP泥浆来冲散沉淀物、检验合格后进行抛石。

桩底抛石厚度按0.25～0.3倍直径计算，孔底是砂性土壤时可减小抛石厚度。桩底抛石材料要求石质坚硬、无风化、洗净的粒径为2～4cm碎（砾）石，对粒径2cm以下的碎（砾）石要筛除，以免阻碍水泥浆渗透。抛石后的底面要大致平整；如不平整，可在低处的孔口四周均匀地抛石。

图5-15　沉桩

（2）沉桩（见图5-15）。沉桩前的准备工作完成后可进行沉桩工作。沉放底节桩节时，先将底节用夹箍夹紧，吊运至支承托架上（或固定门架上），然后在底节预埋的钢板上焊接桩底注浆管。检查底节封底混凝土的密封情况，防止桩节漏水。如果发生个别漏水处，必须排除漏水现象，可采取环氧树脂砂浆混凝土等措施封堵。同时检查关闭空心桩节内注浆管的阀门。待吊至坑底后，再松开吊点，利用抱箍及基准平台固定第1节管桩。起吊第2节管桩，将第2节管桩与第1节管桩对位、连接，同时连接固定注浆管；将第2节管桩沉入孔内，重复以上流程直至将管桩下沉至设计标高。

（3）接桩（见图5-16）。用门吊将中节吊运至拼接位置，将上节下端面涂刷环氧树脂胶砂，然后将底部固定螺栓穿入预留孔道内，与底节上的卡具连接，使预制桩壳通过环氧树脂水泥胶砂连成整体。清理完上下节管桩接触面后，将上节管桩放置在下节管桩上，进行接桩工作。接桩可采用焊接连接和机械连接：焊接连接采用二氧化碳保护焊，焊缝分两次焊满，焊接完毕需等待焊缝自然冷却，再进行沉桩及后续桩节连接；机械连接时，固定下节管桩后，将上节管桩与下节管桩对位放置，安装机械接头。桩节连接采用机械连接可避免风雨天气对接桩工作的影响，且相比于焊接施工，可极大地缩短接桩时间，保证接桩质量。完成第一节预制桩壳的拼接工作，再将第二节桩节夹箍锚固在门吊上，如此周而复始，直到所有中节拼接完毕。

当竖拼桩壳形成整体后，先用经纬仪和水准仪校验桩管纵横轴线和标高。复检合格后，再用木楔调整导向架与桩壳之间的间隙。最后拆除顶节夹箍，清理场地及施工器具。

（4）注浆管路及出浆孔布置。沉桩及接桩过程中完成注浆装置的安装，注浆腔随最下一节管桩下沉至钻孔底部，管桩中央设置有主注浆管与注浆腔连接。桩身内注浆布置如图 5-17 所示。

图 5-16　接桩

图 5-17　桩身内注浆布置

3. 浆液现场搅拌

桩侧注浆所用的水泥浆中，水泥用量为 $500\sim600\text{kg/m}^3$。通常采用微膨胀水泥，也可在普通水泥中掺加膨胀剂。施工中用注浆筒来保证水泥浆的连续供应，进入筒内的灰浆必须经过 2mm 网眼的振动筛过滤，灰浆的流动控制在 $14\sim24\text{s}$。

水泥浆的配合比为：水灰比为 0.55，膨胀剂的含量为水泥质量的 12%，减水剂的含量为水泥质量的 1%。其中，水泥为 P.O42.5 普通硅酸盐水泥。水泥浆各组分配合比见表 5-8。

表 5-8　　　　　　　　　　　　　　　　水泥浆各组分配合比

组分	水	水泥	膨胀剂	减水剂
质量分数（%）	30.67	61.35	7.36	0.61

配料的允许误差为 $\pm5\%$，使用普通搅拌机拌制水泥浆液时，应不少于 3min，使用高速搅拌机时，不少于 30s；寒冷季节制浆时，拌和料应不含雪、冰、霜并做好灌浆管路的防寒保暖工作，炎热季节制浆时应采取防热和防晒措施，浆液温度应保持在 $5\sim40\text{℃}$。水泥浆从搅拌至使用的最长保留时间应根据环境温度决定，一般不超过 2h。搅拌装置及灌浆设备如图 5-18 所示；水泥浆搅拌如图 5-19 所示。

4. 桩侧与桩端注浆

注浆前，应对搅拌机、注浆泵等设备进行运转检查，对注浆管路进行耐压试验。对以泥浆护壁形式成孔的，初始注浆压力为 4.0MPa 左右，稳定注浆压力维持在 $1.5\sim2.0\text{MPa}$；对以干钻形式成孔的，注浆压力维持在 1.5MPa 左右。注浆量应按设计注浆量的 1.5 倍准备材料，当出现孔壁局部坍孔时，应视具体情况增加注浆量。

（1）桩侧注浆。桩侧注浆就是在空心桩桩周填石后通过压注水泥浆形成填石注浆混凝土，将土层与预制桩壳紧密地黏在一起形成侧摩擦力。桩侧注浆主要包括消除桩周腔体泥浆、水泥浆的制备及注浆等过程。

图 5-18 搅拌装置及灌浆设备

图 5-19 水泥浆搅拌

1) 清除桩周腔体泥浆。

对于钻孔灌注桩，为确保注浆混凝土的质量，必须清除桩周不洁泥浆。由于桩周的填石与成孔泥渣混合在一起，会使得桩周压注水泥浆与填石料间的黏结力降低。因此，在桩侧注浆前，先从注浆管中压入清水检查注浆机械设备的完备性和注浆管道的通畅性；然后在拌浆机中加入膨润土拌和成的优质泥浆，通过注浆机将其从桩周两根压浆管中压入，用以置换桩侧腔体内的不洁泥浆，直至另外 2 根管流出新鲜泥浆。清除桩周腔体泥浆后，为确保桩侧注浆时的注浆压力，除留排浆孔外，用尼龙袋装好黏性土压在桩侧的填石上面，将桩侧腔体密闭。对于人工挖孔桩无须清除桩周腔体泥浆。

2) 注浆。清除桩周腔体泥浆并制备好水泥浆后，用注浆机将配置好的水泥浆通过注浆管压入桩侧填石孔隙中。若施工条件许可，可采用 2 台注浆机、4 个管道同时压注水泥浆。在注浆过程中，可使用 4 根管道交替注浆、抽拔，直至排浆管孔口流出纯水泥浆。注浆结束后，因有袋装黏性土的封闭层，故可保压一段时间后再抽出注浆管。

(2) 桩端注浆。注浆是空心桩提高桩承载力的最关键工艺。当桩侧注浆混凝土龄期 28d 以后，便可进行桩端二次注浆，通过高压下水泥浆的扩散，将桩端土层形成大蒜头形状的固化区。使桩端土层得到加固，从而使桩端的承载力大大提高。在进行桩端第二次注浆过程中，通常桩侧也会有水泥浆上冒，这样就将桩侧原来存在不密实的地方再次进行了补浆，可进一步提高桩侧摩阻力。桩端注浆的反作用力使桩身上抬，相当于在桩端施加了向上的作用力，减小了桩的绝对沉降量。通过桩端注浆，改变了桩端及其附近土层的物理力学性能及桩与岩、土之间的边界条件，使空心桩的承载力比普通钻孔（挖孔）灌注桩大大提高；尤其对桩端持力层是砂砾石层的摩擦桩，其桩端二次注浆效果更为显著。

1) 桩端注浆管的连接。预制桩底节下面为钢底板，钢板上加工有多个管孔，管孔包括注浆管孔、回流管孔和筛管孔等。注浆管较回流管长，约伸出桩端 0.5～1.0cm。在底节的注浆管和回流管上，要各接一闸阀与法兰，用以封闭管道，避免杂物堵死。桩端 3 根注浆管和 1 根回流管在与上部的注浆管连接时，必须注意先将各管上的闸阀关闭。特别是在冬天，要求先关闭闸阀、拆开法兰，再接管。另外，注浆管与注浆机相连通，在注浆管的顶部装有压力表，以便在注浆过程中可以测量注浆的压力。

2）桩端清孔。由于桩端泥浆中的钻渣较多，为确保桩端注浆混凝土的质量，在桩端注浆之前，通过注浆机的注浆管和回流管清除桩端的沉渣，其方法同桩侧清渣方法。清渣一般采用正循环，注浆机压注的优质泥浆，通过3根注浆管先后注入孔底，使沉渣通过回流管排除。为确保清淤彻底，可将3根注浆管中的1根通入压缩空气来搅动桩端沉淀，以提高清淤的质量与效率。

3）注浆。桩端注浆和桩侧注浆方法一样。注浆时，当回流管出现新鲜灰浆后，关闭回流管继续注浆，使空心桩产生上抬，桩的上抬量通过事先在桩孔周围搭好的独立支架上安装8个百分表进行监控。当上抬值稳定上升到1～3mm时，检查压力表值是否在0.2～0.5MPa；若满足要求，则在稳压5min后停止注浆，并记录好注浆机出口压力、回流管压力以及上抬量的相关数据，为以后检测桩的承载力提供参考。在桩端注浆时，应随时注意压力表的数据，如压力上不去，桩身未上抬，则可能是水泥浆渗到孔隙较大的土层或软土层中；此时应停止注浆，增大水泥浆的浓度后再继续注浆。如出现注浆管被粉砂阻塞，压力急剧增加到0.8～1.0MPa以上的情况，应停止注浆，以免注浆管爆裂，待处理完阻塞问题后再继续施工。

桩端注浆待混凝土初凝后，将桩侧用于注浆时起封闭作用的预压黏土袋移开，及时将表层松散浮浆凿除，再用干硬性混凝土将抛石压浆混凝土的顶部封闭。

对于桩侧注浆与桩端注浆，合理的注浆量是确保工程质量与经济效益的关键，这就要求综合考虑桩侧、桩端土的类别、土的渗透性能、桩径、桩长、承载力增长幅度的要求、沉渣量及施工工艺等诸多因素。在实施注浆中，还需根据注水试验情况及注水过程中的反应适当调整注水压力，并通过注浆压力、浆液浓度、注浆方法等因素的调控，将所需注浆量灌注到设计要求的范围。

4）异常情况处理：①若遇出浆口不能正常开启，可适当提高注浆泵压力，用脉冲法疏通出浆管。②若遇特殊地层，如断裂带、流沙、软弱层和溶洞等，应召开技术专题会议研究处理。③注浆工作必须连续进行，若因故中断，应尽可能缩短中断时间，尽早恢复注浆工作。中断时间超过30min时，应立即设法冲洗设备及注浆管路，防止水泥浆固化。④当出浆管全部堵塞不能实施压浆时，直接在管桩外壁与钻孔之间的空隙下放灌浆管实施注浆。

5.2.2.3 后注浆质量控制

（1）大直径钻埋式预制管桩后注浆作业为隐蔽工程施工，施工全过程要求监理旁站。

（2）后注浆的效果取决于土层特性和注浆工艺质量等因素，故工艺控制是应用该技术的关键。在预成孔过程中出现水文地质条件与原设计资料不符时，应及时告知设计单位，以便进行设计变更。

（3）后注浆工艺宜用桩基静载试验来确定施工质量。

5.2.2.4 后注浆质量验收标准

（1）停止注浆标准：地面开始返浆，且所返浆液颜色与搅拌池中浆液相同。

（2）在现场制备水泥浆时，对水泥浆进行取样，并制作水泥浆试块，在标准条件下养护至对应龄期后，测试其相应抗压强度及膨胀率，检验现场配置水泥浆是否符合设计要求，其误差应控制在5%以内。

（3）对后注浆质量进行无损检测，采用低应变测试法检测桩侧灌浆层的质量，观察是否有较大的断层、裂隙及局部空洞等。

5.2.3 钻埋式预制管桩机械化施工经济性比较

采用同等 220kV 线路基础常用作用力设计取值（典型耐张塔 2B2-J1，上拔力：$T_e = 624kN$、$T_x = 66kN$、$T_y = 74kN$；下压力：$N_a = 771kN$，$N_x = 81kN$，$N_y = 83kN$），选取 2 种典型地质条件（黏性土和粉细砂地区），分别计算新型钻埋式预制管桩基础和传统桩基础，并进行相应的技术经济比较分析。

5.2.3.1 黏性土地质技术经济对比分析

在计算中，基础露头按 0.5m 考虑，采用的地质参数见表 5-9。

表 5-9   黏性土地质参数

土名	状态	厚度 （m）	γ （kN/m³）	c （kPa）	ϕ （°）	f_{ak} （kPa）	挖孔桩	
							桩极限侧阻力标准值 q_{sik}（kPa）	桩极限端阻力标准值 q_{pk}（kPa）
黏性土	可塑	4	18	30	6	120	53	350
	硬塑	5	18	40	10	220	84	1100

新型钻埋式预制管桩和传统人工挖孔桩基础的尺寸、材料量以及造价对比见表 5-10 和表 5-11。

表 5-10   黏性土地层下两种工艺基础尺寸及材料量计算结果对比

		作用力类别	2B2-J1
钻埋式预制管桩基础		桩径 D（m）	0.8
		计算露头 h（m）	0.5
		计算埋深 H（m）	8.5
	桩节段数	2.5m 标准节（段）	1
		3.0m 标准节（段）	2
	材料量	C80 混凝土（m³）	2.15
		桩侧注浆（m³）	2.40
		钢筋（kg）	237.86
		造价（万元）	2.10
人工挖孔桩基础		作用力类别	2B2-J1
		桩径 D（m）	1.0
		计算露头 h（m）	0.5
		计算埋深 H（m）	10.0
	材料量	C25 混凝土（m³）	8.51
		钢筋（kg）	534.17
		造价（万元）	2.72

表 5-11　　　　　　　　　　黏性土地层下两种工艺基础造价对比　　　　　　　　　　（元）

基础类型	工期（d）	运输费	土方	管桩材料费	钢筋混凝土材料费	施工费	合计
钻埋式预制管桩	7	731	7003	5950	960	6356	21 000
人工挖孔桩	2	3631	10 490	0	5808	7271	27 200

结果表明：在黏性土地质条件下，传统人工挖孔桩的桩径需 1.0m，埋深 10.0m；而钻埋式预制管桩考虑后注浆影响后，桩径仅需 0.8m，埋深 8.5m。与传统人工挖孔桩基础相比，新型钻埋式管桩总混凝土量（总混凝土量为基础混凝土与注浆量之和）节约 46.5%，钢材节约 55.5%，综合造价可节省 22.8%。同时，钻埋式预制管桩基础可将余土部分填入空心管处，减少了余土外运量；桩身现场预制，成桩质量更好，并且可以实现全过程机械化施工，工期比传统桩基础节省约 5d 左右。

5.2.3.2　粉细砂地质技术经济对比分析

在计算中，基础露头按 0.5m 考虑，采用的地质参数见表 5-12。

表 5-12　　　　　　　　　　粉细砂地质参数

土名	状态	厚度（m）	γ（kN/m^3）	c（kPa）	ϕ（°）	f_{ak}（kPa）	挖孔桩 桩极限侧阻力标准值 q_{sik}（kPa）	挖孔桩 桩极限端阻力标准值 q_{pk}（kPa）
粉细砂	中密	4	19	0	15	240	42	500
	密实	5	19	0	25	300	62	900

新型钻埋式预制管桩和传统人工挖孔桩基础的尺寸、材料量以及造价对比见表 5-13 和表 5-14。

表 5-13　　　　　　　粉细砂地层下两种工艺基础尺寸及材料量计算结果对比

		作用力类别	2B2-J1
钻埋式预制管桩基础		桩径 D(m)	0.8
		计算露头 h(m)	0.5
		计算埋深 H（m）	13.0
	桩节段数	2.5m 标准节（段）	4
		3.0m 标准节（段）	1
	材料量	C80 混凝土（m^3）	3.22
		桩侧注浆（m^3）	3.68
		钢筋（kg）	357
		造价（万元）	2.94

续表

人工挖孔桩基础	作用力类别		2B2-J1
	桩径 D(m)		1.0
	计算露头 h(m)		0.5
	计算埋深 H(m)		14.5
	材料量	C25 混凝土（m³）	12.05
		钢筋（kg）	865.32
	造价（万元）		3.86

表 5-14　　　　　粉细砂地层下两种工艺基础造价对比　　　　　（元）

基础类型	工期（d）	运输费	土方	管桩材料费	钢筋混凝土材料费	施工费	合计
钻埋式预制管桩	8	1024	9805	9100	1472	7999	29 400
人工挖孔桩	2.5	5153	14 886	0	8714	9847	38 600

结果表明：在粉细砂地质条件下，传统人工挖孔桩的桩径需 1.0m，埋深 14.5m；而钻埋式预制管桩考虑后注浆影响后，桩径仅需 0.8m，埋深 13.0m。与传统人工挖孔桩相比，新型钻埋式管桩总混凝土量（总混凝土量为基础混凝土与注浆量之和）节约 42.8%，钢材节约 58.8%，综合造价可节省 23.8%，工期比传统桩基础节省约 5.5d。

5.2.4　钻埋式预制管桩机械化施工优缺点分析

5.2.4.1　优点

钻埋式预制管桩优点如下：

(1) 采用钻孔、埋入的施工方法，将钻孔桩与预制管桩的优点集中在一起，有效防止钻孔桩夹泥、断桩，以及预制桩下沉困难或沉桩偏差的问题。

(2) 管桩分节在工厂批量化生产、现场分节接长，全过程机械化施工，缩短了施工周期，加快了工程施工进度，提高了机械化施工程度；噪声污染小、环境影响小，有利于节能环保。

(3) 管桩外壁设置刻纹，通过桩底注浆装置进行高压注浆，使管桩与桩周土紧密结合，提高了桩周土的摩擦力和桩端土的承载力。

(4) 桩段分节起吊，降低了对吊机起吊能力的要求，易于作业。适用性较广，可用于困难地形条件以及黏性土、软岩等地层条件。

5.2.4.2　缺点

钻埋式预制管桩属于桩基工程领域的一种新型技术，但钻埋式预制管桩工艺在实际推广应用中还存在一些问题，具体如下：

(1) 大直径预制管桩每米质量大，需分多节接长，现场焊接工作量较大。

（2）管桩连接接头焊接要求高，操作烦琐。

（3）管桩焊接接头需进行相关现场探伤检测。

钻埋式预制管桩基础与传统钻孔灌注桩基础相比，节省人力和材料，同时可实现桩体在工厂批量化生产和现场拼接的全过程机械化施工，缩短施工周期、降低工程造价，并且余土更少、噪声更小、成桩质量可靠，有利于节能环保。因此，钻埋式预制管桩在输电线路工程中有着较好的应用前景。

5.3 预制微型桩施工

预制微型桩基础是指采用高强度预应力混凝土预制微型桩（PHC 微型管桩，桩径一般为 200～400mm），通过静压或钻孔后注浆工艺施工，并使用预制装配式承台，通过现场机械螺栓及少量高强水泥浆湿法连接的一种新型全预制装配式基础型式。微型桩基础可用于各种地质地基输电线路基础工程，有无地下水均可，其具有以下特点：

（1）节省混凝土、钢材等材料量，节能减排。

（2）提升输电线路基础施工机械化程度，提高施工效率，并降低基坑施工风险。

（3）实现基础构件工厂化预制，提高基础工程的施工质量，缩短基础养护工期。

（4）土方开挖小，无须现场浇筑混凝土，青苗赔偿费用大幅降低，环保效果突出。

5.3.1 锚杆静压微型桩基础

锚杆静压微型桩利用承台自重及配重，通过千斤顶将微型预制桩（PHC 微型管桩）从承台上的预留孔压入土体，然后将桩与预制承台连接。通过接桩，能够实现不同设计桩长的要求。桩身混凝土强度等级达到 C80 以上，质量稳定、可靠，耐久性好；采用高强钢筋和预应力工艺，使得管桩具有较高的抗裂性和较大的抗弯刚度；机械化程度高、安全性好、施工难度低，具有较好的经济价值和社会效益。目前，该工艺已成功试点应用在屠陵—石西 220kV 线路工程中。

图 5-20　锚杆静压微型桩基础

锚杆静压微型桩基础（见图 5-20）可应用于黏性土、淤泥质土等松软土层，能部分替代输电线路中的传统基础，具有较好的应用前景。

5.3.1.1　锚杆静压微型桩基础施工工艺流程及操作步骤

1. 施工工艺流程（见图 5-21）

2. 操作步骤

（1）施工准备。

1）平整施工场地，清除施工区域障碍物，合理布置施工用电和运输道路。

2）根据设计图纸及当地规划部门测绘文件，将控制点引入工地现场并妥善保护。

3）详细了解施工现场的地下设施布置情况，防止对水、电、气等相关管线的影响。

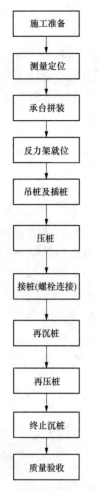

施工准备

测量定位

承台拼装

反力架就位

吊桩及插桩

压桩

接桩(螺栓连接)

再沉桩

再压桩

终止沉桩

质量验收

图 5-21 锚杆静压微型桩
施工工艺流程图

4）施工机具进场前须检查调试，确认其完好。施工作业人员须接受岗前培训，特种作业人员要持证上岗。

5）合理设置预制桩及预制承台的堆放场地，保证在起吊范围内。

6）对进场预制桩构件进行验收，经检验合格后方可使用。

7）预制桩堆放高度不得超过四层。不同型号和规格的预制构件要分类堆放，避免调运过程中发生差错。

8）检查反力架液压系统的工作性能，并将各类仪表计量检定资料报监理备查。

（2）测量定位。依据设计图纸及测绘文件，采用全站仪或经纬仪放出锚杆静压微型桩承台和桩基的位置，通过闭合测量进行复核。

（3）承台拼装（见图 5-22）。承台拼装前，应完成垫层浇筑并找平，核查各构件尺寸，清除连接面泥污。拼接完成后校核基础位置，无误后再固定四周连接钢板。

（4）反力架就位。用起吊装置将反力架提吊到位，保持反力架竖直，均匀拧紧锚固螺栓。保持预制桩与千斤顶在同一垂直线上，不得偏压。

（5）吊桩及插桩（见图 5-23）。预制桩长度一般不超过 3m，可直接用反力架上的起吊装置起吊喂桩。第一节桩（底桩）一般设有桩尖，采用吊装带将桩身竖直送入夹桩的钳口中。桩被吊入夹钳口后，缓慢降落直至桩尖离地面 10cm 左右；然后夹紧桩身，微调反力架使桩尖对准桩位，将桩压入土中 0.5～1.0m 后，暂停下压，用两台经纬仪从桩的两个正交侧面校正桩身垂直度。当桩身垂直度符合规范要求时，才可正式压桩。

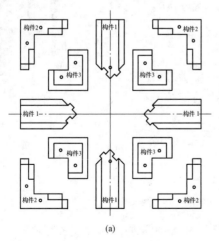

(a)

(b)

图 5-22 承台拼装

(a) 承台拼接示意图；(b) 承台主柱预制件

(c)

图 5-22 承台拼装（续）

（c）完成拼接的承台现场图

（a）   （b）

图 5-23 吊桩与插桩

（a）锚杆静压微型桩主柱构件；（b）微型桩标准件

（6）压桩。

1）在压桩过程中，应根据桩身的长度标记，观察桩的入土深度，记录对应的压力值。

2）压桩速度应根据地质勘察报告的土质情况进行选择，保持匀速压入，并时刻关注压桩进程。在压桩过程中，要不断观测桩身垂直度，防止偏移，控制桩身垂直度偏差不超过桩长的 1.5%。

3）宜将每根桩一次性连续压到底。

4）控制抱压力不超过桩身允许侧向压力的 1.1 倍。

使用液压装置压桩施工如图 5-24 所示。

具备条件时，可以用高频振动锤进行压桩施工（见图 5-25）。

图 5-24　液压装置压桩施工

图 5-25　高频振动锤压桩施工

（7）接桩。微型桩标准节长度为 2m 和 3m，当单节长度不能满足设计要求时，需要接桩。接桩可采用机械连接或焊接，接桩面高于承台顶面 0.5m 左右。接桩前应清除上、下预制桩桩端污泥，并校正桩身垂直度。整个过程必须连续进行，并尽可能缩短接桩时间，以免预制桩与土的摩擦阻力增大，导致后续沉桩困难。

（8）终止沉桩。达到设计标高后终止沉桩。

5.3.1.2　质量控制

1. 质量验收标准（见表 5-15）

2. 质量保证措施

（1）预制构件质量。预制构件进场后，根据相关规范要求，查验合格证和主要质量指标，标识应齐全、清晰。

（2）计量器具。测量工具和压力表等仪器设备必须在鉴定有效期内，并报审通过。

（3）桩位控制。控制桩位精度，保持施工场地平整坚实，防止因土质松软出现桩位偏移和垂直度偏差。

（4）垂直度控制。从两个轴心方向对桩身的垂直度进行控制，当桩身垂直度偏差大于 1.5% 时，应找出原因并拔出预制桩，经设计复核后重新施工，严禁强行纠偏。

表 5-15　　　　　　　　　　　　锚杆静压微型桩施工质量验收标准

序号	项目	检查项目	允许偏差或允许值		检验方法
			单位	数值	
1	主控项目	桩体质量检验	《建筑基桩检测技术规范》（JGJ 106—2014）3.1.1 条		
2		桩位偏差	桩位平面偏差小于±10mm		用钢尺量
3		承载力	《建筑基桩检测技术规范》（JGJ 106—2014）3.1.1 条		

序号	项目	检查项目	允许偏差或允许值		检验方法
			单位	数值	
4	一般项目	成品桩质量 — 外观	无露筋、孔洞、蜂窝、裂纹、桩端混凝土疏松		目测
		外观缺陷	局部掉角深度不得大于10mm		用钢尺量
		桩长	mm	±20	用钢尺量
		横截面边长	mm	±5	
		桩顶面对角线之差	mm	≤10	
		保护层厚度	mm	±5	
		桩身柱弯曲矢高	mm	小于1‰桩长且不大于20	
		桩尖中心线	mm	≤10	
		锚杆孔的垂直度	—	≤1%	
		桩顶平面整度对桩中心线的倾斜	mm	≤3	
5		接桩 — 紧固力矩	按《110kV~750kV架空输电线路施工及验收规范》（GB 50233—2014）相关规定执行		
		上下节平面偏差	mm	≤10	用钢尺量
		压桩孔与设计位置平面偏差	mm	±20	用钢尺量
		压桩时桩段的垂直偏差	mm	≤1.5‰桩长	用钢尺量
6		螺栓质量	设计要求		查产品合格证书
7		压桩压力偏差（设计有要求时）	%	±5	查压力表读数
8		桩顶标高	mm	±50	水准仪测量

注 本表参数来源于《锚杆静压微型桩标准化作业手册》，供施工单位选用参考。

（5）标高控制。每次施工前，应复核控制点无误。压桩时，设专人观测指挥，控制压桩长度；当接近设计标高时，放慢压桩速度直至达到设计标高。

（6）连接质量控制。接桩前应清除上、下预制桩桩端污泥，并校正桩身垂直度。

（7）沉桩控制。压桩作业应连续进行，控制施工停歇时间，避免停歇时间过长导致预制桩与土的摩擦阻力增大，造成沉桩困难。当出现下列情况之一时，应暂停压桩作业并分析原因，待解决后方能继续施工：

1）现场地质条件与地质勘察报告明显不符。

2）桩难以穿越具有软弱下卧层的硬夹层。

3）实际桩长与设计桩长相差较大。

4）反力架等机械工作状态出现异常。

5）桩身出现纵向裂缝、桩头混凝土剥落等异常现象。

6）夹持机构打滑。

7）反力架下陷。

（8）终压条件应符合下列规定：

1）根据现场试压桩试验结果确定终压力值。

2）终压连续复压次数应根据桩长及地质条件等因素确定。对于入土深度不小于 8m 的桩，复压次数为 2～3 次；对于入土深度小于 8m 的桩，复压次数为 3～5 次。

3）稳压压桩力不得小于终压力，稳定压桩的时间宜为 5～10s。

（9）降低挤土效应造成危害的措施。

1）当持力层埋深或桩的入土深度差别较大时，宜先施压长桩、后施压短桩。

2）沉桩顺序：对于密集桩群，自中间向两个方向或向四周对称施压；根据基础的设计标高和桩基布置情况，宜"先密后稀、先深后浅、先长后短"。

3）定时检测桩的上浮量及桩顶水平偏位值，若上涌和偏位值较大，应采取复压等措施。

（10）成桩检测。施工完成后，依据《建筑基桩检测技术规范》（JGJ 106—2014）及《电力工程基桩检测技术规程》（DL/T 5493—2014）进行成桩质量检测工作。

5.3.1.3　安全措施

1．一般安全规定

（1）施工单位宜编制专项安全生产施工方案，对相关人员进行安全技术交底。

（2）反力架入场，需技术人员进行检查。

（3）作业区域应设围栏和标识，作业人员不得靠近反力架底座的升降部位。

（4）电源实行三相五线制，要配置机械漏电保护和防潮防雨设施，施工用电缆线宜架空敷设，做到"一机一闸一漏保"，电源箱由专人负责并上锁。

（5）严格按照要求组织施工，配备消防器具，做好消防工作。

2．反力架安装安全措施

（1）安装时，控制好安装间距，保证底盘平台能正确对位。

（2）各液压管路连接时，不得将管路强行弯曲。安装过程中，应防止液压油流损。

（3）安装配重前，应对各紧固件进行检查，在紧固件未拧紧前不得进行配重安装。

（4）安装完毕后，应对整机进行试运转，对吊桩用的起吊装置，应进行满载试吊。

3．反力架作业前的安全措施

（1）检查并确认各传动机构、齿轮箱及防护罩等良好，各部件连接牢固。

（2）检查并确认起吊装置起升和变幅正常，吊具、钢丝绳及制动器等良好。

（3）检查并确认电缆表面无损伤，保护接地电阻符合规定，电源电压正常，旋转方向正确。

（4）检查并确认润滑油和液压油的油位符合规定，液压系统无泄漏，液压缸动作灵活。

4．反力架作业时的安全措施

（1）压桩作业时，应统一指挥，压桩人员和吊桩人员应密切联系、相互配合。

（2）在反力架的液压设备尚未正常运行前，不得进行压桩。

（3）起吊装置将吊桩送入夹持机构进行接桩或插桩作业过程中，应确认在压桩开始前吊钩已安全脱离桩体。

（4）压桩时，应按反力架技术性能作业，不得超载运行。操作时动作不应过猛，避免冲击。

（5）压桩过程中，应保持桩身的垂直度，如遇地下障碍物使桩身产生倾斜，排除故障后方可继续进行。

（6）当桩在压入过程中，夹持机构与桩侧出现打滑时，不得任意提高液压力强行操作。

（7）桩的贯入阻力过大，使桩不能压至标高时，不得任意增加配重。

5. 反力架作业完毕安全措施

（1）作业完毕，应将液压缸全部回程缩进，并应使各部件制动生效，最后应将外露活塞杆擦干净。

（2）作业后，应将控制器放在零位，并依次切断各部分电源，锁闭门窗，冬季应放尽各部位积水。

5.3.1.4 环保措施

在锚杆静压微型桩施工过程中，应严格执行国家及地方（行业）环境保护法律法规的相关规定，配备噪声监测仪等监测设备，避免噪声扰民；做好场地的防扬尘措施，车辆进出场必须进行清洗，防止污染；离居民区较近的施工场所，应严格遵守夜间施工的相关规定，注意噪声及光污染；对施工中产生的废料应进行分类堆放、回收，充分进行二次再利用。

5.3.1.5 锚杆静压微型桩优缺点

1. 优点

锚杆静压微型桩具有如下优点：

（1）承载力高。锚杆静压微型桩桩体被缓慢均匀压入土中，对土体扰动小，能够充分发挥原状土承载力。

（2）沉降量小。静压桩和基础承台作为整体抵抗上部作用，沉降量小。

（3）环境影响小。压桩机能耗低、无振动、无噪声；微型桩采用工厂化预制，无现场施工时泥浆存放造成的污染；整个基础土方开挖少，能够减少水土流失，利于环保。

（4）施工效率高。微型桩及装配式承台为混凝土预制构件，可提前批量生产，大幅缩短现场施工工期。

（5）质量可靠。构件在工厂批量化生产，质量稳定可靠。沉桩过程缓慢均匀，无冲击和反射应力波，不会造成桩顶和桩身开裂。

（6）安全性高。锚杆静压微型桩基础开挖量小，不易坍塌，降低了施工安全风险。

（7）成本低。微型桩及装配式承台为工厂化制作，采用机械化施工，需要投入的人力物力少，工程造价低。

2. 缺点

锚杆静压微型桩在使用中也存在着一些不足：

（1）现有沉桩机械配重过大，与线路微型桩的要求不匹配。

（2）长度超过3m的桩需采用现场焊接的方法进行接桩，焊接质量要求高。

锚杆静压微型桩基础与传统基础相比，节省人力和材料，能够实现构件工厂批量化生产、现场拼接的全过程机械化施工，大幅缩短施工周期，降低工程造价，同时余土少、噪声

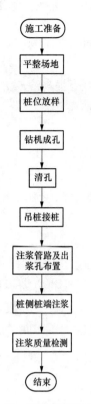

施工准备

↓

平整场地

↓

桩位放样

↓

钻机成孔

↓

清孔

↓

吊桩接桩

↓

注浆管路及出
浆孔布置

↓

桩侧桩端注浆

↓

注浆质量检测

↓

结束

图 5-26　微孔桩基础后注
浆施工工艺流程图

小、成桩质量可靠，利于节能环保，在输电线路工程中有着较好的应用前景。

5.3.2　钻埋式预制微型管桩基础

钻埋式预制微型管桩是指采用高强度预应力混凝土预制微型桩（PHC 微型管桩），使用机械钻孔（钻孔直径比管桩外径大 100mm），吊装预制承台，并通过承台预留孔放置预制微型桩，采用桩底注浆装置灌浆，将桩与桩周土紧密结合，最后实现管桩与承台连接形成整体的一种新型全预制装配式基础。

5.3.2.1　后注浆微孔桩施工工艺流程及操作步骤

1. 施工工艺流程

微孔桩基础后注浆施工工艺流程如图 5-26 所示。在施工工艺流程介绍中，部分施工工序与上文中其他基础施工方法相同，在本节不再赘述，仅对重点工序进行阐述。

2. 操作步骤

（1）钻孔。后注浆工艺，需先成孔、后沉桩。为了保证成孔质量，推进机械化施工，减少人工作业，宜采用新型多功能微孔钻机成孔，成孔后的孔径比预制管桩的直径大 100mm。钻孔完成后、沉桩开始前，若出现孔壁局部坍落、缩孔等现象，可用钻机快速清孔。微孔桩成孔如图 5-27 所示。

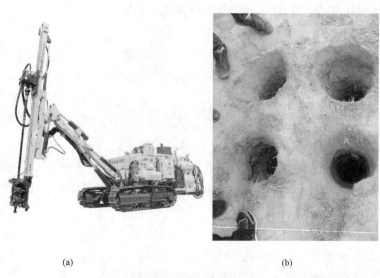

(a)　　　　　　　　　　　　(b)

图 5-27　微孔桩成孔
（a）新型多功能微孔钻机；（b）微孔钻机所成的孔

（2）沉桩。成孔后可进行沉桩施工：先将预制承台吊装就位，保证承台预留孔与钻孔上下对齐；然后将桩顶连板与预制管桩预连接，通过吊装螺栓连接桩头起吊，将管桩垂直沉入孔内，直至桩底下沉至设计标高。小直径预制管桩实物图如图 5-28 所示；沉桩如图 5-29 所示。

图 5-28　小直径预制管桩实物图

图 5-29　沉桩

（3）后注浆施工。钻埋式预制微型管桩后注浆施工工艺与钻埋式预制管桩后注浆施工工艺相同，本节不再赘述。

5.3.2.2　优缺点分析

1. 优点

钻埋式预制微型管桩基础具有如下优点：

（1）采用钻孔、植入的施工方法，将钻孔桩与预制管桩的优点集中在一起，可有效防止钻孔桩夹泥断桩、预制桩下沉困难或沉桩偏差问题。

（2）构件在工厂批量化生产、现场分节接长，能够实现全过程机械化施工，缩短施工周期，加快工程进度。

（3）噪声污染小、环境影响小，利于节能环保。

（4）采用全液压微孔钻机，成孔效率高，地形适应性好，还能解决山区机械化施工困难的问题。

（5）微型桩桩长、桩径小，降低了对吊机起吊能力的要求。

2. 缺点

钻埋式预制微型管桩基础在使用中存在以下缺点和不足：

（1）现有钻孔机械重量过大，对道路条件和运输要求较高。此外，现有钻孔机械施工作业面大，与线路微型桩作业面狭窄的要求不匹配。

（2）长度超过12m的桩需要采用现场焊接的方法进行接桩，焊接质量要求高。

钻埋式预制微型管桩基础采用构件工厂化模式预制，能够大幅缩短基础施工及养护工期，提高基础工程的施工质量，不仅节省混凝土和钢材用量，还能提升输电线路基础施工机械化程度；同时，土方开挖小，无须现场浇筑混凝土，环保效果突出，具有良好的经济效益和社会效益，在输电线路工程中有着较好的应用前景。

6 应 急 管 理

按照《国家电网公司输变电工程施工安全风险识别、评估及预控措施管理办法》［国网（基建3）176—2019］，结合深基坑作业特点，辨识高处坠落、物体打击、坍塌、中毒窒息及触电等风险，有针对性地制订并落实风险预控及应急处置措施。

6.1 应急救援准备

项目工程应急救援准备是应急管理的首要工作，主要包括应急组织体系建设（如应急领导小组和应急救援队伍）、应急预案体系建设（包括总体预案、专项预案、现场应急处置方案及应急处置卡）、应急物质准备（包括编制应急物资计划和落实应急物资的采购储备）、应急培训与演练计划的编制。

6.1.1 应急组织体系建设

6.1.1.1 组织机构

建设管理单位负责组建工程项目应急工作领导小组，组长由业主项目经理担任，副组长由业主项目副经理、总监理工程师、施工项目经理担任，工作组成员由工程项目业主、监理、施工项目部的安全、技术人员组成；施工项目部负责组建现场应急救援队伍。工程项目应急工作领导小组应建立值班机制；值班人员及通信方式在其管理范围内公布，并确保通信畅通。

工程项目应急工作领导小组及其组成人员职责见表6-1。

表6-1 应急工作领导小组及其组成人员配置表

序号	小组职务	项目角色	组 内 职 责
1	组长	业主项目经理	组织编制、审查现场应急处置方案，参与应急演练工作
2	副组长	总监理工程师	组织编制、审查现场应急处置方案，参与应急演练工作
3	副组长	施工项目经理	（1）参与编制和执行现场应急处置方案，配置现场应急资源，开展应急教育培训和应急演练，执行应急报告制度； （2）审查现场应急处置方案； （3）开展应急救援知识培训和应急演练，制订并落实经费保障、医疗保障、交通运输保障及物资保障等措施，确保应急救援工作
4	成员	监理安全工程师	参与编制现场应急处置方案
5	成员	业主项目安全专责	参与编制现场应急处置方案
6	成员	设计院设总	参与事件调查，提供相关资料

续表

序号	小组职务	项目角色	组　内　职　责
7	成员	施工项目总工	(1) 在发生危及人身安全的紧急情况时,立即停止作业或者采取必要的应急措施后撤离危险区域; (2) 发生人身安全事件时应立即抢救伤者,保护事件现场并及时报告; (3) 接受事件调查时如实反映情况
8	成员	施工项目班长兼指挥	(1) 在发生危及人身安全的紧急情况时,立即停止作业或者采取必要的应急措施后撤离危险区域; (2) 发生人身安全事件时应立即抢救伤者,保护事件现场并及时报告; (3) 接受事件调查时如实反映情况
9	成员	施工项目班组技术兼质量员	(1) 在发生危及人身安全的紧急情况时,立即停止作业或者采取必要的应急措施后撤离危险区域; (2) 发生人身安全事件时应立即抢救伤者,保护事件现场并及时报告; (3) 接受事件调查时如实反映情况
10	成员	施工项目班组安全员	(1) 参与编制现场应急处置方案,并进行培训交底。 (2) 在发生危及人身安全的紧急情况时,立即停止作业或者采取必要的应急措施后撤离危险区域; (3) 发生人身安全事件时应立即抢救伤者,保护事件现场并及时报告; (4) 接受事件调查时如实反映情况

应急救援队伍由参建的作业层班组人员组成,在应急工作领导小组指挥下开展现场抢救工作。

6.1.1.2　工程项目应急工作领导小组应履行的职责

(1) 贯彻落实国家有关突发事件应急救援与处理的法律、法规和规定。

(2) 对项目部或施工现场发生的突发事件,组织现场应急抢险和处置工作。

(3) 向业主单位应急领导小组汇报突发事件并接受公司应急领导小组的指导。

(4) 组织输变电工程现场突发事件应急预案、专项预案及现场应急处置方案的编制、培训、演练和修订工作。

(5) 组织审批施工项目部编制的应急设备、物资需求计划。

(6) 监督施工项目部建立应急救援队伍,配备应急救援物资和器具,开展应急救援培训。

6.1.1.3　工程项目应急工作领导小组成员应履行的职责

(1) 组长负责生产安全事件应急工作领导小组的设置,负责生产安全事件应急响应的总体决策和指挥。

(2) 副组长负责生产安全事件应急响应的现场指挥和协调;组长不在施工现场的情况下

履行组长的职责；负责审核生产安全事件应急预案及演练计划；负责组织生产安全事故应急演练及培训工作。

（3）工作组成员负责编制现场安全事件应急处置方案；监督检查现场安全事件应急设备及物资的落实；协助应急工作组副组长按计划开展现场应急处置演练；开展现场安全事件日常的急救培训与宣传工作；积极开展相应各项应急救援工作，协助外援急救力量开展相关工作。

6.1.2 物资准备

应急资源的准备是应急救援工作的重要保障。输变电工程项目部（业主、监理、施工）根据施工项目部应急预案中的应急物资计划，分别落实应急物资的采购储备。施工项目部的应急物资储备应根据驻地环境及现场作业潜在事故性质和后果分析，按现场处置方案中的应急物资需求计划进行采购和储备；结合工程工序施工特点，配备必要的应急救援所需的救援机械和设备、交通工具、医疗设备和药品、生活保障物资。具体配备见表6-2。

表6-2　　　　　　　　　深基坑作业现场应急物资配备计划表

序号	物资名称	单位	数量	配置/储存标准	备注
1	全方位安全带	根	孔内、孔口作业人数	配两道保护绳（3m）	
2	速差保护器	套	2～4	15m	
3	软梯	套	2～4	10～15m	
4	气体检测仪	台	1		
5	自吸式防毒面具	只	不少于1		
6	对讲机（或手机）	部	不少于1		
7	小型泛光式照明设备	台	不少于1		
8	救生绳	根			
9	鼓风机	台	不少于1	含风带	
10	手电筒	个	1		
11	铁锹	把	若干		
12	撬棍	根	若干		
13	千斤顶	台	1		根据现场实际选用
14	救援绳	根	1	15m	
15	加压泵	台	1	结合现场施工设备	
16	灭火器	只	不少于2	4.5kg	
17	应急医疗箱	个	1		
18	创可贴	片	40	7cm×1.8cm	
19	医用脱脂纱布	片	30	10cm×10cm×8层	
20	碘酒	瓶	1		
21	碘伏棉棒	支	20		
22	云南白药气雾剂	套	1		
23	仁丹	盒	3		

序号	物资名称	单位	数量	配置/储存标准	备注
24	止血带	个	若干		
25	担架	付	若干		可自制简易
26	工程车 （应急抢修车）	台	1		结合现场施工用车
27	挖掘机	台	1		结合现场施工用车
28	防暑、防疫物资药品	套	若干		按要求配量

施工项目部和作业班组应做好应急物资和装备的维护及保养，确保应急物资和装备处于良好状态。应急物资和装备使用或失效后，应及时补充。

6.1.3　资金准备

输变电工程项目应急资金应根据《中华人民共和国安全生产法》《国务院关于加强安全生产工作的决定》《国务院关于进一步加强企业安全生产工作的通知》《企业安全生产费用提取和使用管理办法》，结合《国家电网公司基建安全管理规定》《国家电网公司输变电工程安全文明施工标准化管理办法》《国网基建部关于实施安全文明施工设施标准化配置工作的通知》要求，将应急预案编制、应急演练、应急基干队伍建设、应急物资储备以及应急指挥中心建设纳入安全文明施工费使用范围，保证日常应急工作和突发事件应对处置工作的资金需求。

6.1.4　应急处置准备

6.1.4.1　应急处置方案的编制

项目应急处置方案应由业主安全专责、安全监理工程师和施工安全员等应急工作领导小组成员共同制订，经施工项目经理、总监理工程师和业主项目经理审查。根据深基坑施工风险，组织编制深基坑施工突发事件专项应急预案和现场处置方案，制订现场处置卡，规范深基坑各类风险事故处置流程。

6.1.4.2　应急处置方案演练的实施

项目应急处置方案演练以施工单位为主体开展，监理和业主项目部参与。施工项目部在工程开工后或每年至少要开展一次应急救援知识培训和应急演练，制订并落实经费保障、医疗保障、交通运输保障、物资保障、治安保障和后勤保障等措施，确保应急救援工作的顺利进行。

6.2　应急处置程序及措施

6.2.1　应急处置程序

（1）突发事件发生后，施工项目部人员应立即根据现场情况逐级向应急工作领导小组汇报事件发生的原因、地点及事件情况。

（2）由工程项目应急工作领导小组根据突发事件的严重程度、发展趋势、可能后果和应急处理的需要，立即按规定启动现场应急处置方案。

（3）现场应急预案启动后，应急工作领导小组应按现场应急处置方案规定，组织救援，同时上报。应急响应要及时、迅速、有序、处置正确。

（4）事件现场得以控制，环境符合有关标准，导致次生、衍生事件的隐患消除后，应急响应结束。

6.2.2 应急处置措施

6.2.2.1 人身伤亡事件现场应急处置

1. 事件特征

施工区域内人员因物体打击、高处坠落、机械设备操作不当等原因造成的身体伤害。

2. 应急处置

（1）进入应急状态后，项目应急工作组应立即用最快方式通知应急救援人员迅速结集，并立即通知施工项目经理停止施工生产工作，组织现场救护人员对伤者进行救助。根据伤者情况立即拨打120急救电话通知专业救护人员迅速赶到事发现场，并组织其他无关人员进行撤离，保护好事件现场。

（2）创伤急救。

1）体表出血严重时应立即采取止血措施，防止失血过多而休克；常见的止血方法有指压止血法、加压包扎止血法、填塞止血法、屈曲加垫止血法和止血带止血法。

2）为压迫止血、保护伤口，可对伤口进行包扎。常见包扎方法有环形法、螺旋法、螺旋反折法、"8"字包扎法、回反法和头部帽式包扎法等方法。

3）搬运时，应使伤员平躺在担架上，腰部束在担架上，防止跌下。平地搬运伤员时，头部在后；上楼、下楼、下坡时，头部在上。搬运中应严密观察伤员，防止伤情突变。

（3）骨折急救。

1）肢体骨折可用夹板或木棍、竹竿等将断骨上、下方两个关节固定，也可利用伤员身体进行固定，避免骨折部位移动，以减少疼痛，防止伤势恶化。开放式骨折且伴有大出血者，先止血、再固定，并用干净布片覆盖伤口，然后迅速送医疗救护部门救治，切勿将外露的断骨退回伤口内。在发生肢（指）体离断时，应进行止血并妥善包扎伤口，同时将断肢（指）用干净布料包裹随送，最好在低温（4℃）干燥保存，切忌用任何液体浸泡。

2）若怀疑伤员有颈椎损伤，在使伤员平卧后，可用沙土袋（或其他代替物）放置在头部两侧使颈部固定不动。必须进行口对口呼吸时，只能采用抬颊使气道通畅，不能再将头部后仰移动或转动头部，以免引起截瘫或死亡。

3）腰椎骨折应将伤员平卧在平硬木板上，并将腰椎躯干及两侧下肢一同进行固定，预防瘫痪。搬动时应熟人合作，保持平稳，不能扭曲腰部。

3. 注意事项

（1）现场处置遵循"以人为本"的原则，以迅速救人为第一要务，同时妥善处理事件现场，防止次生灾害。

（2）对坠落在高处或悬挂在高空的人员，施救过程中救护人员应做好自身的安全措施，在救助过程中防止被救和施救人员出现高坠（地面人员应做好监护和配合工作）。

（3）解救伤员时，要不断与之沟通交流，询问伤情，防止昏迷。

（4）对于坠落昏迷者，应采取按压人中、合谷穴（虎口）或呼叫等措施使其恢复清醒并保持清醒状态。

（5）在搬运和转送过程中，颈椎和躯干部位受到伤害时，颈部和躯干不能前屈或扭转，而应使脊柱伸直，绝对禁止一人抬肩、一人抬腿的搬法，以免引发或加重截瘫。

（6）若发现伤员耳朵、鼻子出血，则考虑有颅脑损伤的可能，千万不能用手帕、棉花或纱布去堵塞，以免造成颅内压增高和细菌感染。

（7）在医务人员未接替救治前，不应放弃现场抢救。

（8）事件报告程序遵循施工队（包括分包单位所属施工队）上报施工项目部、施工项目部上报监理项目部、监理项目部上报业主项目部、业主项目部上报上级管理单位、上级管理单位上报地方政府的顺序。

6.2.2.2 垮（坍）塌事件现场应急处置

1. 事件特征

施工现场基础施工阶段可能发生基坑坍塌、围墙坍塌、脚手架垮塌和堆物坍塌等事件。发生此类事件极易造成人员伤亡和财产损失。

2. 应急处置

（1）当施工现场的施工人员发现土方或建筑物有裂纹或发出异常声音时，应立即报告给现场负责人，负责人应立即下令停止作业，同时组织施工人员快速撤离到安全地点。

（2）发生坍塌后，若没有人员被埋，待现场应急处置小组到达现场后，对现场进行详细检查，并根据现场情况组织处理，消除周边区域存在的塌方隐患。

（3）当发生坍塌后，造成人员被埋、被压的情况下，现场负责人应立即组织疏散危险区域的人员，组织应急救援人员抢救伤者和被困人员。

（4）要用铁锹进行撮土挖掘，并注意不要伤及被埋人员；快接触到人身时应采用手刨。

（5）应挖掘出整体人身后抬出，不得在不明被压人情况下盲目拖拽受困人肢体。

（6）抢救中不得采用掏挖，防止再次坍塌造成二次伤害。

（7）被抢救出来的伤员的处置方法：

1）及时送医院进行检查、救治。

2）对呼吸、心跳停止的伤员以心肺复苏直至与120救援人员交接。

3）应急救援队员负责清除伤员伤口泥块、凝血块等，将昏迷伤员舌头拉出，以防窒息。

4）对骨折、外伤流血的伤者，简易包扎、止血或简易固定后送医院救治。

3. 注意事项

（1）应急救护人员进入事件现场必须听从现场负责人指挥，要做好防止再次垮（坍）塌的措施；用吊车、挖掘机等机械施救，要有专人指挥和监护；起重机停放或行驶时，其车轮、支腿或履带的前端或外侧与沟、坑边缘的距离不准小于沟、坑深度的1.2倍，否则应采取防倾和防坍塌措施。

（2）解救悬空被困者时尽可能使用吊篮方式，救护、运送伤员时尽可能使用担架方式，避免伤员受到二次伤害。

6.2.2.3 中毒事件现场应急处置

1. 事件特征

施工人员在深基坑作业时，有毒有害气体导致作业人员窒息或中毒事件。

2. 应急处置

（1）发现坑内人员发出求救信号，施救人员应立即呼喊询问其状况，若坑内人员意识清醒，尚能采取自救措施，救援人员应下放救援绳索协助坑内人员通过软梯爬出基坑。

（2）若坑内人员意识模糊或无意识，则应考虑为窒息或中毒情况。应急救援人员下基坑作业按照"先通风、后检测、再作业"（检测标准：氧气含量 19.5%～23.5%；一氧化碳 25.0mg/m³；硫化氢 10.0mg/m³；煤粉尘 30g/m³ 以内）的原则顺序，并穿戴好安全带、速差自锁器、呼吸器或防毒面具等防护用具后方可下基坑施救，不得在无法保证自身安全的情况下下基坑盲目施救。同时，其他人员应拨打救援电话，并向上级反映。

（3）用安全带系好被困人员两腿根部及上体，妥善提升使其脱离危险区域，施救人员应时刻与坑口人员保持联络。

（4）被困伤员救至地面后，应立即将其移至空气新鲜的地方，松开领扣、紧身衣服和腰带，使其呼吸通畅。

（5）迅速清除伤员口鼻中的黏液、血块、泥土等，以便输氧或人工呼吸。

（6）根据伤员中毒、窒息症状，给伤员采取不同急救措施：

1）一氧化碳中毒。一氧化碳中毒，呼吸浅而急促，失去知觉时面颊及身上有红斑，嘴唇呈桃红色。对中毒伤员可采用人工呼吸。若有条件可使用苏生器输氧，输氧时可掺入 5%～7% 的二氧化碳，以兴奋呼吸中枢，促进恢复呼吸机能。

2）硫化氢中毒。硫化氢中毒除施行人工呼吸或苏生器输氧外，可将浸以氯水溶液的棉花团、手帕等放入口腔内，氯是硫化氢的良好解毒物。

3）二氧化硫中毒。由于二氧化硫遇水生成硫酸，对呼吸系统有强烈的刺激作用，严重时可能灼伤，所以除了施行人工呼吸或苏生器输氧外，应给中毒伤员服牛奶、蜂蜜或用苏打溶液漱口，以减轻刺激。

4）二氧化氮中毒。二氧化氮中毒最突出的持证是指尖、头发变黄，还有咳嗽、恶心和呕吐等症状。因为二氧化氮中毒时，伤员会发生肺浮肿，因而不能采用人工呼吸，若必须用苏生器苏生时，在纯氧中不能掺二氧化碳，避免刺激伤员肺脏。最好是在苏生器供氧的情况下，使伤员能进行自主呼吸。

5）二氧化碳及瓦斯窒息。二氧化碳及瓦斯窒息造成假死的伤员，除了进行人工呼吸和苏生器输氧外，还要摩擦其皮肤或使之闻氨水，以促进恢复呼吸。

（7）在医护人员未赶到之前，不能轻易放弃抢救。

6.2.2.4 触电事件现场应急处置

1. 事件特征

施工作业现场人员缺乏安全用电知识或不遵守安全技术要求，违章作业，存在发生触电并造成人员伤亡的可能。

2. 现场应急处置

（1）低压触电。

1）如果触电事故地点附近有电源开关或电源插销，立即拉开开关或拔出插销，断开电源。

2）如果触电地点附近没有电源开关或电源插销，可用有绝缘柄的电工钳或有干燥木柄的斧头切断电线，断开电源，或用干木板等绝缘物插入触电者身下，以使其脱离电源。

3）当电线搭落在触电者身上或压在身下时，可用干燥的衣服、手套、绳索、木板或木棒等绝缘物作为工具，拉开触电者或挑开电线，使触电者脱离电源。

（2）高压触电。

1）立即通知供电的有关单位或部门停电。

2）带上绝缘手套，穿上绝缘靴，用相应电压等级的绝缘工具按顺序拉开电源开关或熔断器。

3）抛掷裸金属线使线路短路接地，迫使保护装置动作，断开电源。抛掷金属线之前应先将金属线的一端固定可靠接地，注意抛掷端不可触及触电者和其他人。抛出后，要迅速躲离接地的金属线 8m 以外，防止跨步电压伤人。抛掷短路线时，应注意防止电弧伤人或断线危及人员安全。

（3）若触电者未失去知觉，则应将其抬到温暖而空气流通的地方静卧休息。

（4）若触电者神志不清、无判断意识、有心跳但呼吸停止或极微弱时，应立即用仰头抬颏法使气道开放，并进行口对口人工呼吸，但切记不能对触电者实行心脏按压。

（5）若触电者神志丧失、判定意识无、心跳停止时，应立即施行心肺复苏法抢救（每按压 30 次，人工呼吸 2 次），直到医务人员来急救。

3.注意事项

（1）在救护过程中，参与救护人员要沉着冷静，切忌慌乱胆怯、擅自行动或盲目救人。参与救护人员应注意安全距离。

（2）严禁直接用手、金属及潮湿的物体接触触电人员。因触电者的身体是带电的，其鞋的绝缘也可能遭到破坏，救护人不得接触触电者的皮肤和鞋。

（3）如果触电者位于高处，在救护过程中，救护者和触电者应采取有效防坠落和摔伤等措施。

（4）现场抢救工作要坚持不断地进行，在医务人员未接替救治前，不应放弃现场抢救和擅自判定伤员死亡。

（5）如事件发生在夜间，现场应设置临时照明灯具。

6.2.3　应急处置报告

（1）深基坑安全事件报告应当及时、准确、完整，业主、施工、监理单位和个人不得迟报、漏报、谎报或者瞒报。报告后出现新情况的应及时补报。

（2）深基坑安全事件实行即时报告制度。即时报告除严格执行《国家电网公司安全事故调查规程》有关条款外，业主、施工、监理单位及各级基建管理部门要严格执行以下要求：

1）发生深基坑安全事件后，现场人员应立即向施工项目经理报告，施工项目经理向施工企业经理及时报告，同时要向业主项目经理和项目总监报告。

2）发生六级及以上人身事件，业主、施工、监理项目部应在 1h 内报省电力公司基建管理部门，同时在 24h 内上报事件书面材料。

3）发生五级及以上人身事件，省电力公司基建部在收到事件报告后 1h 内，上报国家电网有限公司基建部，同时在 24h 内上报事件书面材料。

4）国家电网有限公司基建部应在收到安全事件报告 1h 内，将初步情况通报国家电网有限公司安质部和总值班室。

（3）人身伤亡事故即时报告的基本内容包括：

1）事故时间、地点和单位。

2）事故伤亡人数、简要经过和初步原因分析。

3）事故应急处置情况，含伤员抢救、家属安抚、生产恢复、信息发布及媒体反应等情况。

6.3 应急培训、 演练与评估

6.3.1 应急培训

业主项目部应加大深基坑施工突发事件应急培训和科普宣教。针对深基坑施工风险，定期组织开展应急理论和技能培训，结合实际向全体参建人员宣传应急知识，提高全体人员应急意识和预防、避险、自救、互救能力。

针对深基坑作业风险，应结合现场实际定期组织开展应急理论和技能培训。业主项目部应定期对培训效果进行监督检查，要求所有参建人员必须明确应急处置流程，熟练掌握各类现场急救措施，切实满足深基坑作业突发事件应急处置要求。

6.3.2 应急演练

业主项目部应根据深基坑施工周期，按照应急预案要求，每年至少组织监理项目部和施工项目部共同开展 1 次深基坑施工突发事件综合性应急演练；施工项目部应围绕深基坑施工风险，组织全体施工人员分别开展相关应急演练，演练可采用桌面（沙盘）推演、验证性演练及实战演练等多种形式。

应急演练应严格按照应急预案、专项处置方案和现场处置卡组织开展，明确各参演人员职责范围，规范处置流程，熟练掌握救援措施、突发事件报告程序和内容，有效形成项目参建人员的快速响应机制，提升综合应急处置能力。

6.3.3 应急演练评估

业主项目部应组织专家对项目所开展的所有深基坑施工突发事件应急演练进行评估，分析存在的问题，提出改进意见。通过演练进一步完善流程、落实责任，确保深基坑施工突发事件的应急处置达到实效和信息报告及时、准确、规范。

6.4 应急监督检查和考核

建设管理单位应将应急工作纳入企业综合考核评价范围，建立应急管理考核评价指标体系，健全责任追究制度和应急工作奖惩制度，对应急工作表现突出的单位和个人予以表彰奖励；对履行职责不当引起事态扩大、造成严重后果的单位和个人，依据有关规定追究责任。

7 典型工程实例

通过前文介绍，可以清晰地了解到不同类型深基坑的基础选型条件及相应的优缺点。目前，这些不同的基础型式在输变电建设过程中都有着广泛的应用，本章以五个工程为例，对各类基础型式在输变电工程中的应用实例进行介绍：7.1节主要介绍人工挖孔桩基础的施工在大湾—七甲山110kV线路工程中的应用；7.2节主要介绍大开挖基础、掏挖基础、人工挖孔桩基础在十堰—卧龙500kV线路工程中的应用；7.3节主要介绍钻埋式预制管桩基础在烈山—江头店220kV线路工程中的试点应用；7.4节主要介绍锚杆静压微型桩基础在屡陵—石西Ⅱ回220kV线路工程中的试点应用；7.5节主要介绍钻埋式预制微型管桩在曾都—均川牵220kV线路工程中的试点应用。

7.1 大湾—七甲山110kV线路工程

大湾—七甲山110kV线路工程起于220kV大湾变电站出线电缆构架，止于110kV七甲山变电站扩建间隔。除220kV大湾变电站出线沿高新三路走线采用单回电缆排管和顶管方式混合敷设外，全线采用单回钢管杆架设。线路全长总计4.823km，新建单回钢管杆总计27基，其中直线杆11基，耐张杆16基。

该线路位于湖北省葛店经济技术开发区，沿线地形较为平坦，线路均沿规划道路走线，交通条件较好。工程线路电压等级为110kV，全线为单回路架设，设计基本风速23.5m/s，导线覆冰10mm。工程位于葛店经济技术开发区主干道旁，线路路径下方管网复杂，为控制施工过程对其他设施的影响，工程全线选用人工挖孔桩基础。线路路径及桩基础施工图如图7-1所示。

7.1.1 作业准备

7.1.1.1 组建作业层班组

依据《国家电网有限公司关于全面推进输变电工程施工作业层班组标准化建设的通知》（国家电网基建〔2019〕517号）相关要求，线路基础作业层班组采取柔性建制，下设若干作业面（即以塔基为单位的施工作业点，同步施工作业面的数量不宜超过3个），每个作业面必须设作业面负责人和专责安全监护人，班组骨干成员必须对同一时间实施的所有作业面进行有效掌控，可采取巡视、停工待检等方式；对于三级及以上的风险作业点施工，班组骨干人员必须全程到位指挥、监护。

7.1.1.2 施工机具/工器具选型

人工挖孔桩基础施工过程中使用的主要机具有：多功能电动提升机、鼓风机、气体检测

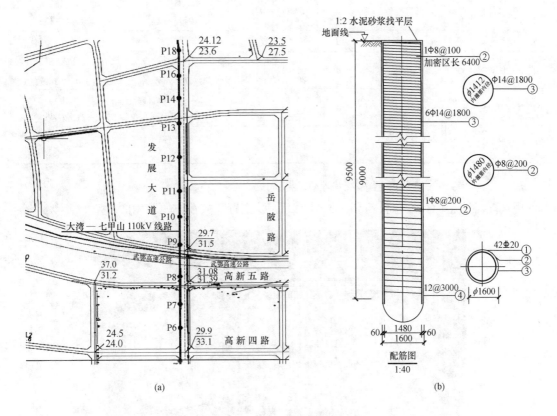

图 7-1　线路路径及桩基础施工图

（a）线路路径；（b）桩基础施工

仪等。

现场提土设备选型：采用多功能电动提升机，电压等级 380V，功率 600W，提升高度 1~100m，提升速度 7~14m/min，最大提升质量 300kg。提升过程中每袋土石质量不大于 50kg。根据机具产品说明书中配重比例 1∶3 的要求，配重应大于 150kg，工程现场采用 4 块 65kg 配重。

较以往采用起重三脚架，通过多功能电动提升机提土的方法有以下优点：

（1）机具固定方式更加规范；

（2）避免地面作业人员坑口取土坠落风险；

（3）配有自动卡紧保险装置，更加安全可靠。

现场使用生产、检验合格，风量为 300L/s 的鼓风机，满足风量不得少于 25L/s 的规程要求，并制作专业底座与地面固定。

坚持"先通风、再检测、后作业"的原则，现场配置气体检测仪，检测井下氧气、一氧化碳以及硫化氢的含量。孔下作业时配备充电式头灯。依据《工作场所有害因素职业接触限值 第 1 部分：化学有害因素》（GBZ 2.1—2019），气体含量对比如表 7-1 所示。

表 7-1　　　　　　　　　　　　　　　　　气体含量对比

气体名称	低报警值 LOW	高报警值 HIGH	时间加权允许浓度 TWA	短时间接触允许浓度 STEL
可燃气体	10%LEL	50%LEL	—	—
一氧化碳 CO	24mg/m³ 30mg/m³	160mg/m³ 200mg/m³	16mg/m³ 20mg/m³	24mg/m³ 30mg/m³
硫化氧 H₂S	6mg/m³ 10mg/m³	20mg/m³ 28mg/m³	10mg/m³ 14mg/m³	15mg/m³ 21mg/m³
氧气 O₂	19.5%	23%	—	—

7.1.1.3　配备应急救援器具及安全工器具

现场配备防尘面具、急救药品（见图 7-2），并定置存放在方便取用的货架上。

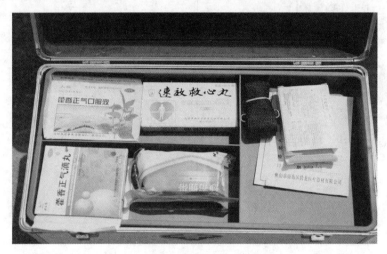

图 7-2　急救药品

锚桩采用长度 1m、直径 114mm 的定制钢管，使用 4 根膨胀螺栓与预先浇筑的钢筋混凝土承台牢靠固定，并通过抗拉、抗剪验算和试验。

锚桩较角钢桩更加牢固可靠、方便使用，凸显安全规范。锚桩如图 7-3 所示。

图 7-3　锚桩

根据设计孔深，选用规格为 15m 的防坠器，如图 7-4 所示。

图 7-4 防坠器

软梯上端分别通过 1t 的卸扣固定于定制锚桩底部。软梯如图 7-5 所示。

图 7-5 软梯

孔口设置"井"字架及操作平台，方便人员孔口作业，更加安全可靠。孔口"井"字架如图 7-6 所示。

图 7-6 孔口"井"字架

该工程线路路径位于葛店经济技术开发区主干道旁，按城市管理要求，施工区域采用生态围栏进行封闭隔离。入口处设置宣传栏、友情提示牌、集中警示牌、三级及以上施工现场风险管控公示牌、应急联络、"十不干"及"十二项禁令"以及现场管理看板（见图7-7和图7-8）。

图7-7　施工现场风险提示牌

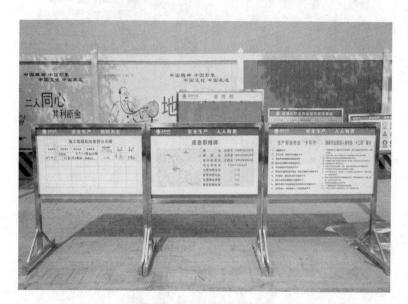

图7-8　施工现场管理看版

现场实行区域化管理，设置休息区、工具材料区、施工作业区、堆土区、临时电源区、搅拌区、沙石区、水泥存放区、发电机、空压机区。现场区域化管理如图7-9所示。

孔洞周围必须设置安全围栏、安全标志牌。其中，安全围栏采用钢管及扣件组装，应由上下两道横杆及立杆组成，立杆打入地面50～70cm深，离边口的距离不小于50cm，上横杆离地高度为1.0～1.2m，下横杆离地高度为50～60cm。

7.1.1.4　设置临时电源

发电机、空压机设置紧邻搅拌区，用生态围栏单独隔离分区，设置空压机区、发电机区。

(a)

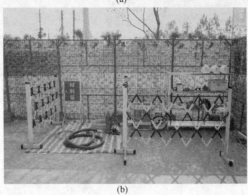

(b)

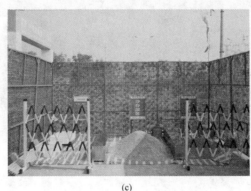

(c)

图 7-9　现场区域化管理图

（a）现场图 1；（b）现场图 2；（c）现场图 3

　　配电箱置于临时电源区，均采用"一机一闸一保护"，采用黄绿双色专用接地线。临时用电采用三相五线制标准布设，针对性选用高空挂线架杆及 PVC 穿管布线方式。在适宜的位置配备合格、有效的消防器材。临时电源区如图 7-10 所示。

7.1.2　现场作业

7.1.2.1　桩位复测

操作人员采用经纬仪复测桩位，如图 7-11 所示。

7.1.2.2　首节开挖及护壁制作

根据土质情况采取相应护壁措施防止塌方，第一节护壁应高于地面 150～300mm，壁厚

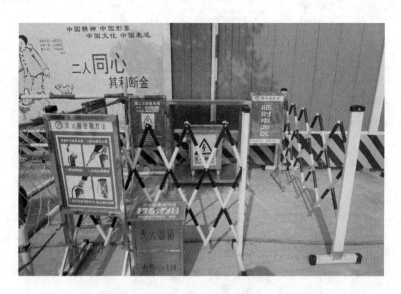

图 7-10　临时电源区

比下面护壁厚度增加 100～150mm，便于挡土、挡水。首节护壁如图 7-12 所示。

图 7-11　桩位复测

图 7-12　首节护壁

7.1.2.3　人工挖孔及护壁制作

人工挖孔从上往下逐层进行、每节筒深不得超过 1m。人工挖孔及护壁制作如图 7-13 所示。

挖出的土石方应及时运离孔口，不得堆放在孔口四周 1m 范围内，堆土高度不应超过 1.5m。混凝土护壁强度不得低于设计要求。

7.1.2.4　基底清理及垫层浇筑

浇筑垫层前，须平整基坑底部，并对孔径、孔深验收检查。基底清理如图 7-14 所示。

7.1.2.5　安装钢筋笼、地脚螺栓

吊装钢筋笼以及地脚螺栓时，由专人指挥。起吊前检查绑扎情况及吊点是否稳固，确保可靠后方准实行起吊。吊运过程中，吊臂下严禁站人和通行，并设置作业警戒区域及警示标志。

图 7-13　人工挖孔及护壁制作

图 7-14　基底清理

7.1.2.6　浇筑基础混凝土

浇筑混凝土时，应保证钢筋位置和保护层厚度正确，并加强检查；混凝土振捣时严禁撞击钢筋，在钢筋密集处，可采用刀片或振捣器进行振捣。

7.1.2.7　坍落度检测、试块制作

现场随机抽取混凝土样品进行坍落度试验及试块制作。坍落度检测及试块制作如图 7-15 所示。

7.1.2.8　基础浇筑完成后成品保护

基础浇筑完成后，对基础进行人工圆弧倒角，基础顶面原浆压实收光，确保基础表面平整光洁、边角人工倒角圆润。对螺栓外露部分进行清理，将螺栓上的混凝土、铁锈清理干净，在丝扣部分抹上黄油，用塑料薄膜进行包裹后加热压套管保护。成品保护如图 7-16 所示。

图 7-15　坍落度检测及试块制作

图 7-16　成品保护

7.1.3　施工周期

该工程每基铁塔的准备时间为 1d，10m 深的基础平均挖孔时间为 6d，浇筑时间为 1d，平均每基铁塔施工周期 8d。工程总共 27 基铁塔，全部采用人工挖孔桩，2 个队伍施工，工程工期 112d。

7.2 十堰—卧龙 500kV 线路工程

十堰—卧龙 500kV 线路工程起点为 500kV 十堰变电站，终点为 500kV 卧龙变电站。途径十堰市茅箭区、张湾区、郧阳区、丹江口市和襄阳市襄州区、老河口市，线路路径长 225km，全线共新建杆塔 459 基，其中耐张塔 122 基，直线塔 337 基。

7.2.1 全线基础型式

十堰段地形比例为高山 45%、一般山地 55%；襄阳段地形比例为山地 8%、丘陵 24%、河网泥沼 20%、平地 48%。全线基础型式包括掏挖基础、岩石嵌固基础、挖孔桩基础、灌注桩基础、现浇板式基础和岩石锚杆基础（见表 7-2）。

表 7-2　　　　　　十堰—卧龙 500kV 线路工程基础型式一览表

基础类型	基础型式	应用数量（塔腿个数）	适用条件	基础示意图
原状土基础	掏挖基础	78	无地下水、可硬塑黏性土及强风化岩石地质条件	
原状土基础	岩石嵌固基础	474	软质岩石、强～中风化，且易于人工开挖（凿）的地基	
原状土基础	挖孔桩基础	552	基础作用力大，平坦地形、丘陵、山区，无水可硬塑黏性土或强风化岩体	
原状土基础	灌注桩基础	160	基础作用力大，河湖软塑土层，承载力低等软弱地基	

基础类型	基础型式	应用数量（塔腿个数）	适用条件	基础示意图
原状土基础	岩石锚杆基础	119	中风化且较完整的硬质岩体	
大开挖基础	现浇板式基础	453	使用广泛，适用于软可塑黏性土地质条件	

7.2.2 大开挖基础施工

该工程大开挖基础主要集中于湖北省襄阳市老河口市，共有 453 个塔腿采用现浇板式基础型式。

7.2.2.1 基础开挖

基坑开挖施工采取长臂挖掘机开挖配合人工开挖的施工方法，较多渗水量的塔基采用简易井点配合明排水法排水，较少渗水量的塔基采用明排水法排水，但必须确保基坑无水施工。该线路工程大开挖基础示意图如图 7-17 所示，基础开挖如图 7-18 所示。

7.2.2.2 钢筋加工及绑扎

工程采用焊接方法施工，钢筋焊接的接头形式、焊接工艺和质量验收应符合《钢筋焊接及验收规程》（JGJ 18—2012）的有关规定。钢筋绑扎如图 7-19 所示。

钢筋的交叉点应采用铁丝扎牢，可用 20～22 号铁丝；其中，22 号铁丝只用于绑扎直径小于 12mm 的钢筋。

受拉钢筋绑扎搭接接头面积百分率不大于 25%，根据《钢筋焊接及验收规程》（JGJ 18—2012），其最小搭接长度应符合表 7-3 的规定。

7.2.2.3 支模

根据制作好的模板，先将地面整平夯实，并设置好可靠的定位措施，立柱的模板应有可靠的支持点，垂直度应用仪器校正。模板安装完成后，应按设计图纸尺寸进行操平找正和测量检查，保证基础根开、对角线尺寸及各部结构尺寸正确，模板间接缝应堵塞严密。地脚螺栓安装前必须检查螺栓直径、长度及组装尺寸，符合设计要求后方准安装。基础支模如图 7-20 所示。

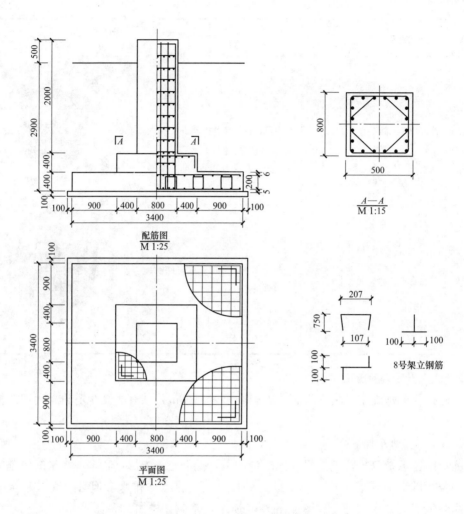

$$\frac{A-A}{M\ 1:15}$$

配筋图
M 1:25

平面图
M 1:25

8号架立钢筋

图 7-17　大开挖基础示意图

图 7-18　基础开挖

图 7-19　钢筋绑扎

表 7-3   受拉钢筋绑扎搭接接头的搭接长度

钢筋类型	混凝土强度等级			
	C15	C20～C25	C30～C35	≥C40
HPB235 光圆钢筋	45d	35d	30d	25d
HRB335 带肋钢筋	55d	45d	35d	30d
HRB400 带肋钢筋	—	55d	40d	35d

注 d 为钢筋直径。

图 7-20 基础支模

(a) G301 号 D 腿支模；(b) G347 号 B 腿支模

7.2.2.4 混凝土浇筑与拆模

混凝土浇筑为全过程控制，必须由专人进行监视及检查。全部采用机械搅拌、机械振捣，每盘混凝土机械搅拌的最短时间为 90s，根据现场情况可适当加长至 120s。大开挖基础浇筑及拆模如图 7-21 所示。

图 7-21 大开挖基础浇筑及拆模

(a) G307 号 B 腿浇筑；(b) G409 号 D 腿拆模

在混凝土强度能保证其表面及棱角不因拆除模板而受到损害，且强度不低于 2.5MPa 时，方可拆模。拆模前应通知监理代表和工程项目部质检员到现场检查鉴定，做出合格、不合格或修补的决定。大开挖基础成品保护如图 7-22 所示。

图 7-22　大开挖基础成品保护图片

7.2.2.5　施工周期及总结

该工程大开挖基础的准备时间为 5d，浇筑时间为 1～2d，养护周期 7 个昼夜。该基型适应的地基条件较广，主要用于有或无地下水可塑及软塑一般黏性土地基，适用于各型直线塔和转角塔。该基型的特点是浅埋，开挖方便，可避免深挖泥水坑的困难。当基坑底部有一层稍硬的土层时，底板四周不用支模，施工简单。相比台阶式刚性基础，该基型可节省大量混凝土和土石方量，钢材用量稍多，总投资节省较多。综上所述，该工程在垄岗地貌区段主要适用基础型式为现浇板式基础，相比采用灌注桩基础可较大减少投资。

7.2.3　掏挖基础施工

该工程掏挖基础在全线均有分布，其中十堰段 26 个、襄阳段 52 个。

7.2.3.1　基础开挖

掏挖基础坑身开挖直径要一次完成，后期扩挖既危险又难以施工。经线路复测分坑后，基坑开挖采用分层分段自上而下的方法，严格遵循"分层开挖、控制边坡、严禁超挖"及"大基坑、小开挖，深基坑、慢开挖"，开挖现场设专人安全监护。

人工开挖基坑时，应事先清除孔口附近的浮土，向孔外堆弃土石时，应防止土石回落伤人；当基坑开挖出现片状岩时，应及时自上而下地清除已断裂的片状岩块，防止片状岩块掉落伤人。

基坑超过 3m 及以上时，上下基坑采用软梯并使用安全绳和速差器，同时必须设 $\phi 14$ 的尼龙绳作为应急爬梯绳（绳子每间隔 0.5m 设一防滑结）。软梯、安全绳、速差器和尼龙绳末端需设置可靠的独立固定措施，当基坑周边缺乏可靠的固定物体时，需打设 1t 级锚桩固定。

深度超过 1.7m 时，孔内开挖产生的土石方应装入提土筐内，由专人向孔外提土，提土框内土石顶面应低于框边 50mm。提土人员须站在垫板上，垫板必须宽出孔口每侧不小于 1m，宽度不小于 0.3m，板厚不小于 0.05m。孔口径大于 1m 时，孔上作业人员应系安全带（安全绳可固定在锚桩上）。在提土的过程中，孔底的施工人员严禁施工。土石方提升通过提升机提土，提升机配置自动卡紧保险装置。

孔底扩挖部分，对高度低且进深大的扩挖施工应随坑深同步开挖，避免后期施工困难。

坑底扩挖部分采用人工开挖,在扩挖施工前检查孔壁岩块的完整性,对于岩壁裂痕较多段可先用水泥砂浆做好护面保护。该线路工程掏挖基础施工图如图 7-23 所示,人工掏挖基础清坑如图 7-24 所示。

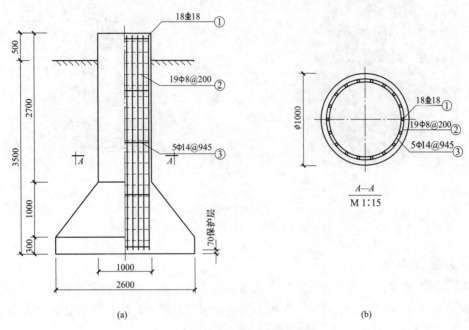

(a)
(b)

图 7-23　掏挖基础施工图
(a) 施工图;(b) 剖面图

图 7-24　人工掏挖基础清坑

7.2.3.2　钢筋加工及绑扎

由于该工程山区较多,受地形条件限制,大型吊车无法进场,因此没有采用常规的在孔外制作完再进行整体吊装入孔的方法,而是在坑中进行箍筋绑扎固定。钢筋吊装方式为:在孔口设置三脚架,三脚架高度最高约为 6m,三脚架与地面夹角为 60°,且嵌入土中 300mm。吊装使用电动提升机架的动力设备。吊钩与主筋应绑扎牢固,吊点设置在主筋长度 2/3 处。钢筋绑扎及验收如图 7-25 所示。

（a）　　　　　　　　　　　　　　　　（b）

图 7-25　钢筋绑扎及验收

（a）G66 号 C 腿钢筋绑扎；（b）G140 号 A 腿钢筋绑扎验收

7.2.3.3　混凝土浇筑

必须采用机械搅拌，并严格按照配合比通知单进行配料。没有料斗的搅拌机不得使用。浇筑混凝土时，为保证不产生离析，现场采用料斗和串桶组合，出料口离混凝土面不得大于 2m，且应连续浇筑、分层振捣。掏挖基础浇筑如图 7-26 所示。

7.2.3.4　养护和拆模

基础养护应在浇筑后 12h 内开始浇水养护。当天气炎热、干燥时，应在 3h 内进行浇水养护，养护时应在基础模板外加遮盖物。混凝土基础经过养护，其强度不小于 2.5MPa 后即可将模板拆除，拆模时间为：温度 10～15℃，48h 以后；温度 5～10℃，48～60h 以后。拆模时应自上而下进行，敲击得当，保证混凝土表面及棱角不受损失。基础拆模验收如图 7-27 所示。

图 7-26　掏挖基础浇筑　　　　　　　　图 7-27　基础拆模验收

7.2.3.5 基础成品保护

基础施工完毕后，应对基础立柱外露部分棱角进行保护，采用角钢框或木条框进行围护；对螺栓外露部分进行清理，将螺栓上的混凝土、铁锈清理干净，在丝扣部分抹上黄油，用塑料薄膜进行包裹后加热压套管保护。

7.2.3.6 施工周期及总结

该工程掏挖基础的准备时间为5d，平均每基基础挖孔时间为7d（一般土质）、15d（岩石土质），浇筑时间为4d，养护周期为不少于5个昼夜。对于掏挖基础，由于掏挖的基坑较小，未扰动基坑周边原状土，节省了基础混凝土方量和钢材用量，并且土方量少、弃土少，施工方便，对环境的破坏小。这种基础型式也显示了较高的经济效益和环境效益，根据以往工程的统计，由于各线路地质条件的不同等原因，采用全掏挖基础比用阶梯形基础节约钢材和混凝土分别为3%～7%和8%～20%。

7.2.4 人工挖孔基础施工

该工程人工挖孔桩基础应用较多，全线均有应用，共552个塔腿。

7.2.4.1 施工方式简介

采用机械（空压机、凿岩机）配合人工开挖、边开挖边浇筑护壁的基坑开挖方法；露出部分采用圆形钢模板，钢模板埋入地下0.3m；主筋加工采用镦粗直螺纹方式，连接采用直螺纹套筒，钢筋笼孔内绑扎；混凝土浇筑采用机械搅拌机械振捣人工浇筑。人工挖孔桩基础施工图如图7-28所示，现场基础底部清理如图7-29所示。

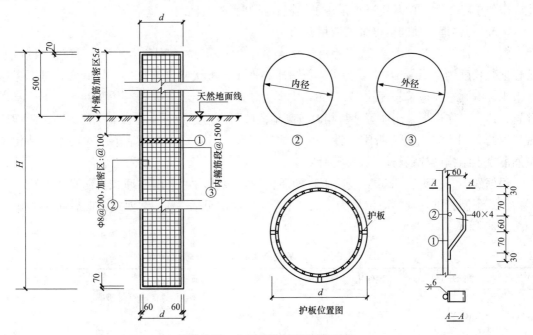

图 7-28 人工挖孔桩基础施工图

人工挖孔桩基础施工工艺流程及主要内容已在7.1节中进行了详细的描述，故在此不再赘述。

图 7-29 现场基础底部清理

7.2.4.2 施工周期及总结

该工程人工挖孔桩基础的准备时间为 5d，平均每基基础挖孔时间为 8～10d（一般土质）、16～20d（岩石土质），浇筑时间为 4d，养护周期为不少于 5 个昼夜。人工挖孔基础在地形复杂、场地狭窄、高差较大以及基础外露较高、基础荷载较大的塔位使用时，具有明显的优势。该基础施工开挖量较少，施工对环境的破坏小，能有效保护塔基周围的自然地貌。由于埋深较深，它不但能满足基础的保护范围要求，也能有效地保持边坡的稳定。

7.3 烈山—江头店 220kV 线路工程

烈山—江头店 220kV 线路工程，起点为 220kV 烈山变电站，终点为拟建的 220kV 江头店变电站，采用角钢塔架设，全线长 42.43km，导线为 2×JLHA3-425 中强度铝合金绞线，地线一根为 36 芯 OPGW，另一根为 GJ-80 镀锌钢绞线。全线除烈山变电站侧终端塔为双回路塔单边挂线外，其余均采用单回路架设。结合该工程特点，为满足国家电网有限公司机械化施工要求，工程有两基塔试点采用了钻埋式预制管桩基础。

7.3.1 钻埋式预制管桩试点应用介绍

烈山—江头店 220kV 线路工程沿线所经的地貌单元有：低丘、垄岗及河流一级阶地。低丘地貌长度约 24.3km，主要为含碎石粉质黏性土，下伏基岩为片岩、片麻岩，可不考虑地下水影响。垄岗地貌长度约 17.0km，主要为粉质黏性土、含碎石粉质黏性土，下伏基岩砂岩、片岩，在岗顶、岗坡等地势相对较高地段，可不考虑地下水位影响。河流一级阶地地貌长度约 2.0km，主要为粉质黏性土、粉细砂、卵（砾）石，该段地下水对混凝土结构及钢筋混凝土结构中的钢筋均具微腐蚀性。

根据烈山—江头店 220kV 线路工程地质情况，该段均可采用钻埋式预制管桩基础。采用钻埋式预制管桩基础的塔位号为 G2、G6，塔位简况见表 7-4。钻埋式预制管桩基础施工如图 7-30 所示。

表 7-4 　　　　　　　 烈山—江头店 220kV 线路工程 G2、G6 塔位简况

塔号	塔型	基础作用力（kN）	地质状况	备注
G2	2B2-J1	（1）上拔：$T_e = 749.2$，$T_x = 95.2$，$T_y = 87.3$；	（1）0～1.8m：可塑含碎石粉质黏性土；	无地下水，无不良地质作用
G6	2B2-J2	（2）下压：$N_a = 853.6$，$N_x = 107.5$，$N_y = 98.1$	（2）1.8～7.0m：硬塑含碎石粉质黏性土； （3）7.0～12.0m：强风化粉砂岩； （4）12.0～15.0m：中风化粉砂岩	

钻埋式预制管桩的施工工艺包括：混凝土空心桩桩节的预制、混凝土空心桩桩节的运输和

存放、混凝土空心桩的成桩工艺、混凝土空心桩桩侧注浆与桩端注浆（见图 7-31～图 7-34）。
钻埋式预制管桩的施工工艺已在 5.2 节进行了详细介绍，本节不再赘述。

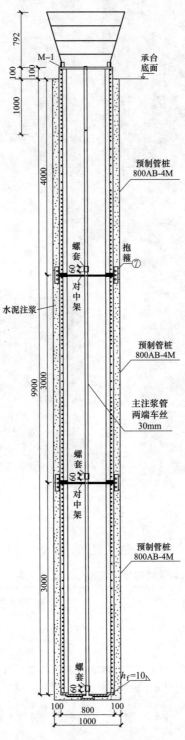

图 7-30　钻埋式预制管桩基础施工图

图 7-31　运至施工现场的预制桩节

图 7-32　钻埋式预制管桩注浆装置布设完成

图 7-33　钻埋式预制管桩桩侧注浆完成

图 7-34　钻埋式预制管桩桩端注浆完成

7.3.2　钻埋式预制管桩效益分析

钻埋式预制管桩与传统桩基础工程量及造价对比见表 7-5。

表 7-5　　　　　　　　钻埋式预制管桩与传统桩基础工程量及造价对比分析

基础型式	桩径（m）×埋深（m）	造价（万元）	比例（%）
钻埋式预制管桩	0.8×7.0	1.679	76
传统桩	1.0×9.5	2.208	100

由表 7-5 可以看出，由于钻埋式预制管桩结合后注浆技术，且为工厂化预制构件，质量易保证，施工速度快，混凝土和钢材用量少，造价比传统挖孔桩基础节省 24% 左右，具有显著的经济效益。

7.3.3　推广前景

通过烈山—江头店 220kV 线路工程不同柱型的对比分析，钻埋式预制管桩基础与传统钻孔灌注桩基础相比，更加节省人力和材料，同时可实现桩体在工厂批量化生产、现场拼接的全过程机械化施工，缩短施工周期、降低工程造价，并且弃土更少、噪声更小、成桩质量更可靠，有利于节能环保。因此，钻埋式预制管桩在输电线路工程中有着较好的应用前景。

7.4 屏陵—石西Ⅱ回220kV线路工程

屏陵—石西Ⅱ回220kV线路工程起点为220kV石西变电站，终点为荆州市公安县南平镇的500kV屏陵变电站。新建线路全长51.137km，其中单回线路长45.053km，双回线路长6.084km。地形比例：平地55%，河网泥沼45%。导线采用1×JL3X/GLB23-1070/75高强度铝包钢芯高导电率铝型线绞线（挂于双回路塔前进方向左侧），地线采用双地线架设，双回路段为两根24芯OPGW光缆，其中前进方向右侧为原220kV屏笔线光缆，前进方向左侧为屏陵—石西Ⅱ回新建光缆；单回路段一根为24芯OPGW光缆（前进方向左侧），另一根为JLB35-120铝包钢绞线和GJ-100镀锌钢绞线。结合该工程特点，为满足国家电网有限公司机械化施工及装配式发展要求，工程有3基塔试点应用了锚杆静压微型桩基础。

7.4.1 锚杆静压微型桩试点应用介绍

该工程采用锚杆静压微型桩基础的塔位号为G137～G139，塔位简况见表7-6。锚杆静压微型桩的施工工艺已在5.3节进行了详细介绍，本节不再赘述。锚杆静压微型桩基础施工如图7-35～图7-37所示。

表7-6　　　　　荆州屏陵—石西Ⅱ回220kV线路工程锚杆静压微型桩塔位简况

塔号	塔型	基础作用力（kN）	地质状况	备注
G137	ZV1	（1）上拔：$T_e=$ 203.0，$T_x=$ 26.0，$T_y=$ 21.0；（2）下压：$N_a=$ 310.0，$N_x=$ 34.0，$N_y=$ 32.0	（1）0～1.0m：素填土；（2）1.0m～2.0m：可塑粉质黏性土；（3）2.0m以下：硬塑粉质黏性土	有地下水，无不良地质作用
G138	ZV1			
G139	ZV2			

7.4.2 锚杆静压微型桩效益分析

锚杆静压微型桩基础的优点：土方开挖量小，施工占地面积小，环境破坏程度低，青苗赔偿量小；施工设备便于运输，操作简单，进出场费用、工时、人员等相关投入量小，缩短工期，降低施工成本；预制桩及装配式承台为工厂化预制构件，质量易保证，且施工速度快，混凝土和钢材用量少。

锚杆静压微型桩基础与直柱板式基础、钻孔灌注桩基础工程量及造价对比见表7-7。

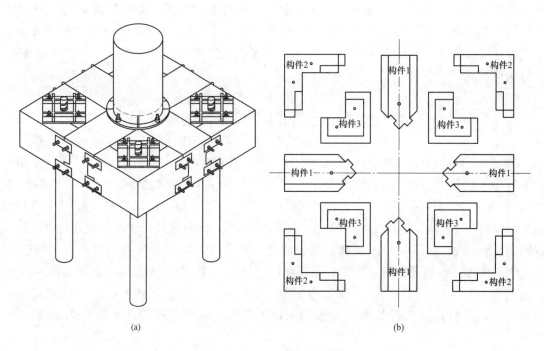

(a)　　　　　　　　　　　　　　　　(b)

图 7-35　锚杆静压微型桩基础示意图

（a）示意图；（b）剖面图

图 7-36　装配式锚杆静压微型桩现场施工图

图 7-37　装配式锚杆静压微型桩
采用高频振动锤压桩

基础型式	尺寸（m）		混凝土体积（m³）	钢筋（kg）	垫层（m³）	造价（万元）
	埋深×承台板宽	桩径×埋深				
直柱板式基础	3.7×3.8	—	9.25	658.6	1.6	2.84
钻孔灌注桩	—	0.8×7.5	3.91	361.3	—	2.61
锚杆静压微型桩	1.0×2.0	4×0.2×6.0	3.56	342.5	0.5	2.38

表 7-7 工程量及造价对比

由表 7-7 可以看出，锚杆静压微型桩相对传统基础具有明显的经济优势。

7.4.3 推广前景

锚杆静压微型桩具有在工厂批量化生产、施工方便、对环境污染小等优点，可以广泛应用于黏性土、淤泥质土、残积土、坡积土等其地质情况较为松软的地质结构中，因此可以部分替代输电线路工程中的传统桩基础。除了上述优点，还具有施工机具小、操作灵活简单、施工振动、噪声小，长细比大，单桩耗用材料少等优点，可以预见其在输电线路桩基础工程中将有广阔的应用前景。

7.5 曾都—均川牵 220kV 线路工程

曾都—均川牵 220kV 线路工程，始于 220kV 曾都变电站，止于拟建的均川牵引站。线路全长为 16.356km，其中在曾都变电站出线利用原已建 3 基双回路塔架设 0.369km，新建双回路塔 2 基，路径长度 0.535km，其余单回路架设，路径长度 15.452km。该工程新建全线导线采用 1×JL/G1A-300/40 钢芯铝绞线，新建双回路段预留侧为 2×JL/G1A-400/35 钢芯铝绞线。全线地线按双地线架设，其中一根地线为 24 芯 OPGW 光缆，另一根为 JLB35-120 良导体地线。结合工程特点，为满足国家电网有限公司机械化施工及装配式发展要求，工程有 1 基塔试点应用了钻埋式预制微型管桩基础。

7.5.1 钻埋式预制微型管桩试点应用介绍

线路所经地貌单元：丘陵、垄岗、冲沟、河流一级阶地。处于丘陵地貌的山顶、山坡地段的塔位有 G5～G17、G19～G28、G30、G32～G39。该地段地貌地势起伏相对较大，基岩埋深相对较浅，主要分布旱地、树木及苗圃经济林等。该地段自然地面标高一般为 70.0～120.0m。

沿线主要分布地层为：第四系人工填土、植被土、冲湖积淤泥、淤泥质土、冲洪积黏性土、粉细砂、砾砂、卵砾石，残坡积黏性土，白垩系（K_2）泥质粉砂岩、含砾砂岩、细砂岩等，震旦系～青白口系（$Q_n～Z_1$）片岩、变质砂岩等。

沿线对基础有影响的地下水主要为上层滞水和孔隙潜水，分布于冲沟、河流一级阶地段，水位埋深一般为 0.5～6.0m，地下水对混凝土结构及钢筋混凝土结构中的钢筋具微腐蚀性。

根据汉十铁路随州均川牵引站配套 220kV 线路工程地质情况，该段均可采用微孔桩基础。工程采用微孔桩基础的塔位号为 G36，塔位简况见表 7-8。钻埋式预制微型管桩基础施工图如图 7-38 所示。

表 7-8　　　　　　　　曾都—均川牵 220kV 线路工程 G36 塔位简况

塔号	塔型	基础作用力（kN）	地质状况	备注
G36	2M1-ZMCK	(1) 上拔：$T_e = 421.8$，$T_x = 56.2$，$T_y = 52.7$； (2) 下压：$N_a = 561.4$，$N_x = 65.1$，$N_y = 61.9$	(1) 0～0.5m：植被土； (2) 0.5～1.7m：可塑粉质黏性土； (3) 1.7～5.0m：强风化片岩； (4) 5.0m 以下：中风化片岩	无地下水，无不良地质作用

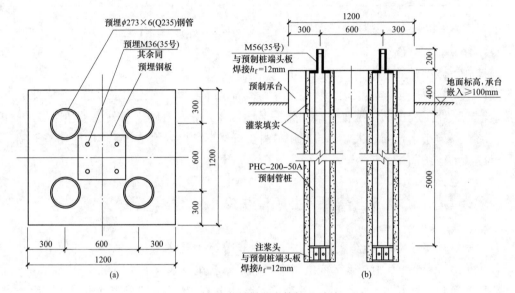

图 7-38　钻埋式预制微型管桩基础施工图

（a）基础平面图；（b）基础剖面图

7.5.2　钻埋式预制微型管桩施工

钻埋式预制微型管桩的施工工艺（见图 7-39）已在 5.3 节进行了详细介绍，本节不再赘述。

图 7-39　钻埋式预制微型管桩的施工工艺

（a）吊桩施工；（b）微孔桩孔口注浆

管桩就位后，通过桩底的压浆腔进行注浆，填充管桩与钻孔之间的间隙。注浆应对搅拌机、注浆泵等设备进行运转检查，对注浆管路进行耐压试验。对以泥浆护壁形式成孔的方式而言，初始注浆压力为 4.0MPa 左右，稳定注浆压力维持在 1MPa，对以干钻形式成孔的方式而言，注浆压力维持在 1MPa 左右；注浆量应按设计注浆量的 1.5 倍准备材料，当出现孔壁局部坍孔时，应视具体情况，增加注浆量。

7.5.3 钻埋式预制微型管桩效益分析

钻埋式微型预制管桩基础与传统挖孔管桩基础工程量及造价对比如表 7-9 所示。

表 7-9　　　　　　　　　微孔管桩基础与传统挖孔管桩基础工程量及造价对比分析

基础型式	桩径（m）×埋深（m）	造价（万元）	比例（%）
钻埋式微型预制管桩基础	0.2×5.3	2.425	94
传统挖孔管桩	1.2×8	2.714	100

由表 7-9 可以看出，由于钻孔后注浆，且为工厂化预制构件，质量易保证，施工速度快，混凝土和钢材用量少，造价比传统挖孔管桩基础节省 6% 左右，具有显著的经济效益。

7.5.4 推广前景

通过汉十铁路随州均川牵引站 220kV 外部线路工程钻埋式微型预制管桩基础与传统挖孔管桩基础相比，更加节省人力和材料，同时可实现桩体在工厂批量化生产、现场拼接的全过程机械化施工，缩短施工周期、降低工程造价，并且弃土更少、噪声更小、成桩质量更可靠，有利于节能环保。因此，山区输电线路微型预制管桩基础在输电线路工程中有着较好的应用前景。

附录 A　深基坑作业相关规程规范及国家电网有限公司规章规定

A1　深基坑作业相关规程规范条文摘录

（1）《建筑地基基础设计规范》（GB 50007—2011）：

9.1.2　基坑支护设计应确保岩土开挖、地下结构施工的安全，并应确保周围环境不受损害。

9.1.3　基坑工程设计应包括下列内容：

1　支护结构体系的方案和技术经济比较；

2　基坑支护体系的稳定性验算；

3　支护结构的承载力、稳定和变形计算；

4　地下水控制设计；

5　对周边环境影响的控制设计；

6　基坑土方开挖方案；

7　基坑工程的监测要求。

9.1.5　基坑支护结构设计应符合下列规定：

1　所有支护结构设计均应满足强度和变形计算以及土体稳定性验算的要求；

2　设计等级为甲级、乙级的基坑工程，应进行因土方开挖、降水引起的基坑内外土体的变形计算；

3　高地下水位地区设计等级为甲级的基坑工程，应按本规范第9.9节的规定进行地下水控制的专项设计。

9.1.9　基坑土方开挖应严格按设计要求进行，不得超挖。基坑周边堆载不得超过设计规定。土方开挖完成后应立即施工垫层，对基坑进行封闭，防止水浸和暴露，并应及时进行地下结构施工。

10.3.2　基坑开挖应根据设计要求进行监测，实施动态设计和信息化施工。

10.3.3　施工过程中降低地下水对周边环境影响较大时，应对地下水位变化、周边建筑物的沉降和位移、土体变形、地下管线变形等进行监测。

（2）《建筑地基基础工程施工规范》（GB 51004—2015）：

3.0.7　严禁在基坑（槽）及建（构）筑物周边影响范围内堆放土方。

3.0.8　基坑（槽）开挖应符合下列规定：

1　基坑（槽）周边、放坡平台的施工荷载应按设计要求进行控制；

2　基坑（槽）开挖过程中分层厚度及临时边坡坡度应根据土质情况计算确定；

3　基坑（槽）开挖施工工况应符合设计要求。

3.0.9　施工中出现险情时，应及时启动应急措施控制险情。

5.9.3　采用混凝土护壁时，第一节护壁应符合下列规定：

1　孔圈中心线与设计轴线的偏差不应大于 20mm；

2　井圈顶面应高于场地地面 150mm～200mm；

3　壁厚应较下面井壁增厚 100mm～150mm。

5.9.4　人工挖孔桩的桩净距小于 2.5m 时，应采用间隔开挖和间隔灌注，且相邻排桩最小施工净距不应小于 5.0m。

5.9.5　混凝土护壁立切面宜为倒梯形，平均厚度不应小于 100mm，每节高度应根据岩土层条件确定，且不宜大于 1000mm。混凝土强度等级不应低于 C20，并应振捣密实。护壁应根据岩土条件进行配筋，配置的构造钢筋直径不应小于 8mm，竖向筋应上下搭接或拉接。

5.9.6　挖孔应从上而下进行，挖土次序宜先中间后周边。扩底部分应先挖桩身圆柱体，再按扩底尺寸从上而下进行。

5.9.7　挖至设计标高终孔后，应清除护壁上的泥土和孔底残渣、积水，验收合格后，应立即封底和灌注桩身混凝土。

6.1.1　基坑工程施工前应根据设计文件，结合现场条件和周边环境保护要求、气候等情况，编制专项施工方案。

6.1.2　基坑支护结构施工以及降水、开挖的工况和工序应符合设计要求。

6.1.3　在基坑支护结构施工与拆除时，应采取对周边环境的保护措施，不得影响周围建（构）筑物及邻近市政管线与地下设施等的正常使用功能。

6.1.4　基坑工程施工中，应对支护结构、已施工的主体结构和邻近道路、市政管线与地下设施、周围建（构）筑物等进行监测，根据监测信息动态调整施工方案，产生突发情况时应及时采取有效措施。基坑监测应符合现行国家标准《建筑基坑工程监测技术规范》（GB 50497）的规定。基坑工程施工中应加强对监测测点的保护。

6.1.5　施工现场道路布置、材料堆放、车辆行走路线等应符合设计荷载控制的要求，并应减少对主体结构、支护结构、周边环境等的影响。根据实际情况可设置施工栈桥，并应进行专项设计。

6.1.6　基坑工程施工中，当邻近工程进行桩基施工、基坑开挖、边坡工程、盾构顶进、爆破等施工作业时，应根据实际情况确定施工顺序和方法，并应采取措施减少相互影响。

7.1.1　地下水控制应包括基础开挖影响范围内的潜水、上层滞水与承压水控制，采用的方法应包括集水明排、降水、截水以及地下水回灌。

7.1.2　应依据拟建场地的工程地质、水文地质、周边环境条件，以及基坑支护设计和降水设计等文件，结合类似工程经验，编制降水施工方案。

7.1.3　基坑降水应进行环境影响分析，根据环境要求采用截水帷幕、坑外回灌井等减小对环境造成影响的措施。

7.1.4　依据场地的水文地质条件、基础规模、开挖深度、各土层的渗透性能等，可选择集水明排、降水以及回灌等方法单独或组合使用。常用地下水控制方法及适用条件宜符合表 7.1.4 的规定。

表 7.1.4 　　　　　　　　　　常用地下水控制方法及适用条件

方法名称		土类	渗透系数(cm/s)	降水深度(地面以下，m)	水文地质特征
降水	集水明排	填土、黏性土、粉土、砂土	$1\times10^{-7}\sim$ 2×10^{-4}	≤3	上层滞水或潜水
	轻型井点			≤6	
	多级轻型井点			6～10	
	喷射井点		$1\times10^{-7}\sim$ 2×10^{-4}	8～20	
	电渗井点		$<1\times10^{-7}$	6～10	
	真空降水管井		$>1\times10^{-5}$	>6	
	降水管井	黏性土、粉土、砂土、碎石土、黄土	$>1\times10^{-5}$	>6	含水丰富的潜水、承压水和裂隙水
回灌		填土、粉土、砂土、碎石土、黄土	$>1\times10^{-5}$	不限	不限

7.1.5　降水井施工完成后应试运转，检验其降水效果。

7.1.6　降水过程中，应对地下水位变化和周边地表及建（构）筑物变形进行动态监测，根据监测数据进行信息化施工。

7.1.7　基础施工过程中应加强地下水的保护。不得随意、过量抽取地下水，排放时应符合环保要求。

8.1.4　基坑开挖期间若周边影响范围内存在桩基、基坑支护、土方开挖、爆破等施工作业时，应根据实际情况合理确定相互之间的施工顺序和方法，必要时应采取可靠的技术措施。

8.1.5　机械挖土时应避免超挖，场地边角土方、边坡修整等应采用人工方式挖除。基坑开挖至坑底标高应在验槽后及时进行垫层施工，垫层宜浇筑至基坑围护墙边或坡脚。

8.2.2　基坑开挖的分层厚度宜控制在3m以内，并应配合支护结构的设置和施工的要求，临近基坑边的局部深坑宜在大面积垫层完成后开挖。

8.2.3　基坑放坡开挖应符合下列规定：

1　当场地条件允许，并经验算能保证边坡稳定性时，可采用放坡开挖，多级放坡时应同时验算各级边坡和多级边坡的整体稳定性，坡脚附近有局部坑内深坑时，应按深坑深度验算边坡稳定性；

2　应根据土层性质、开挖深度、荷载等通过计算确定坡体坡度、放坡平台宽度，多级放坡开挖的基坑，坡间放坡平台宽度不宜小于3.0m；

3　无截水帷幕放坡开挖基坑采取降水措施的，降水系统宜设置在单级放坡基坑的坡顶，或多级放坡基坑的放坡平台、坡顶；

4　坡体表面可根据基坑开挖深度、基坑暴露时间、土质条件等情况采取护坡措施，护坡可采取水泥砂浆、挂网砂浆、混凝土、钢筋混凝土等方式，也可采用压坡法；

5　边坡位于浜填土区域，应采用土体加固等措施后方可进行放坡开挖；

6　放坡开挖基坑的坡顶及放坡平台的施工荷载应符合设计要求。

8.2.7 面积较大的基坑可根据周边环境保护要求、支撑布置形式等因素，采用盆式开挖、岛式开挖等方式施工，并结合开挖方式及时形成支撑或基础底板。

8.2.8 采用盆式开挖的基坑应符合下列规定：

1 盆式开挖形成的盆状土体的平面位置和大小应根据支撑形式、围护墙变形控制要求、边坡稳定性、坑内加固与降水情况等因素确定，中部有支撑时宜先完成中部支撑，再开挖盆边土体；

2 盆式开挖形成的边坡应符合本规范第 8.2.3 条的规定，且坡顶与围护墙的距离应满足设计要求；

3 盆边土方应分段、对称开挖，分段长度宜按照支撑布置形式确定，并限时设置支撑。

8.2.9 采用岛式开挖的基坑应符合下列规定：

1 岛式开挖形成的中部岛状土体的平面位置和大小应根据支撑布置形式、围护墙变形控制要求、边坡稳定性、坑内降水等因素确定；

2 岛式开挖的边坡应符合本规范第 8.2.3 条的规定；

3 基坑周边土方应分段、对称开挖。

8.2.10 狭长形基坑开挖应符合下列规定：

1 基坑土方应分层分区开挖，各区开挖至坑底后应及时施工垫层和基础底板；

2 采用钢支撑时可采用纵向斜面分层分段开挖方法，斜面应设置多级边坡，其分层厚度、总坡度、各级边坡坡度、边坡平台宽度等应通过稳定性验算确定；

3 每层每段开挖和支撑形成的时间应符合设计要求。

8.3.1 岩石基坑可根据工程地质与水文地质条件、周边环境保护要求、支护形式等情况，选择合理的开挖顺序和开挖方式。

8.3.2 岩石基坑应采取分层分段的开挖方法，遇不良地质、不稳定或欠稳定的基坑，应采取分层分段间隔开挖的方法，并限时完成支护。

8.3.3 岩石的开挖宜采用爆破法，强风化的硬质岩石和中风化的软质岩石，在现场试验满足的条件下，也可采用机械开挖方式。

8.3.4 爆破开挖宜先在基坑中间开槽爆破，再向基坑周边进行台阶式爆破开挖。在接近支护结构或坡脚附近的爆破开挖，应采取减小对基坑边坡岩体和支护结构影响的措施。爆破后的岩石坡面或基底，应采用机械修整。

8.3.5 周边环境保护要求较高的基坑，基坑爆破开挖应采取静力爆破等控制振动、冲击波、飞石的爆破方式。

8.3.6 岩石基坑爆破参数可根据现场条件和当地经验确定，地质复杂或重要的基坑工程，宜通过试验确定爆破参数。单位体积耗药量宜取 $0.3kg/m^3 \sim 0.8kg/m^3$，炮孔直径宜取 36mm～42mm。应根据岩体条件和爆破效果及时调整和优化爆破参数。

8.3.7 岩石基坑的爆破施工应符合现行国家标准《爆破安全规程》（GB 6722）的规定。

（3）《110kV～750kV 架空输电线路施工及验收规范》（GB 50233—2014）：

5.0.3 风化岩或较坚硬岩石基坑的开挖可采用松动爆破与人工开挖相结合，但应保持坑壁完整。岩渣及松石应清除干净。

(4)《建筑基坑支护技术规程》(JGJ 120—2012):

3.1.2　基坑支护应满足下列功能要求:

1　保证基坑周边建(构)筑物、地下管线、道路的安全和正常使用;

2　保证主体地下结构的施工空间。

7.1.1　地下水控制应根据工程地质和水文地质条件、基坑周边环境要求及支护结构形式选用截水、降水、集水明排方法或其组合。

8.1.1　基坑开挖应符合下列规定:

1　当支护结构构件强度达到开挖阶段的设计强度时,方可下挖基坑;对采用预应力锚杆的支护结构,应在锚杆施加预应力后,方可下挖基坑;对土钉墙,应在土钉、喷射混凝土面层的养护时间大于2d后,方可下挖基坑;

2　应按支护结构设计规定的施工顺序和开挖深度分层开挖;

5　当基坑采用降水时,地下水位以下的土方应在降水后开挖;

6　当开挖揭露的实际土层性状或地下水情况与设计依据的勘察资料明显不符,或出现异常现象、不明物体时,应停止开挖,在采取相应处理措施后方可继续开挖;

7　挖至坑底时,应避免扰动基底持力土层的原状结构。

8.1.2　软土基坑开挖应符合本规程第8.1.1条的规定外,尚应符合下列规定:

1　应按分层、分段、对称、均衡、适时的原则开挖;

2　当主体结构采用桩基础且基础桩已施工完成时,应根据开挖面下软土的性状,限制每层开挖深度,每层开挖深度,不得造成基础桩偏;

3　对采用内支撑的支护结构,宜采用局部开槽方法浇筑混凝土支撑或安装钢支撑;开挖到支撑作业面后,应及时进行支撑的施工;

4　对重力式水泥土墙,沿水泥土墙方向应分区段开挖,每一开挖区段的长度不宜大于40m。

8.1.5　基坑周边施工材料、设施或车辆荷载严禁超过设计要求的地面荷载限值。

8.1.6　基坑开挖和支护结构使用期内,应按下列要求对基坑进行维护:

1　雨期施工时,应在坑顶、坑底采取有效的截排水措施;对地势低洼的基坑,应考虑周边汇水区域地面径流向基坑汇水的影响;排水沟、集水井应采取防渗措施;

2　基坑周边地面宜作硬化或防渗处理;

3　基坑周边的施工用水应有排放措施,不得渗入土体内;

4　当坑体渗水、积水或有渗流时,应及时进行疏导、排泄、截断水源;

5　开挖至坑底后,应及时进行混凝土垫层和主体地下结构施工;

6　主体地下结构施工时,结构外墙与基坑侧壁之间应及时回填。

8.1.7　支护结构或基坑周边环境出现本规程第8.2.23条规定的报警情况或其他险情时,应立即停止开挖,并应根据危险产生的原因和可能进一步发展的破坏形式,采取控制或加固措施。危险消除后,方可继续开挖。必要时,应对危险部位采取基坑回填、地面卸土、临时支撑等应急措施。当危险由地下水管道渗漏、坑体渗水造成时,应及时采取截断渗漏水源、疏排渗水等措施。

8.2.2   安全等级为一级、二级的支护结构，在基坑开挖过程与支护结构使用期内，必须进行支护结构的水平位移监测和基坑开挖影响范围内建（构）筑物、地面的沉降监测。

8.2.23   基坑监测数据、现场巡查结果应及时整理和反馈。当出现下列危险征兆时应立即报警：

1   支护结构位移达到设计规定的位移限值；

2   支护结构位移速率增长且不收敛；

3   支护结构构件的内力超过其设计值；

4   基坑周边建（构）筑物、道路、地面的沉降达到设计规定的沉降、倾斜限值；基坑周边建（构）筑物、道路、地面开裂；

5   支护结构构件出现影响整体结构安全性的损坏；

6   基坑出现局部坍塌；

7   开挖面出现隆起现象；

8   基坑出现流土、管涌现象。

（5）《建筑桩基技术规范》（JGJ 94—2008）：

6.6.5   人工挖孔桩的孔径（不含护壁）不得小于 0.8m，且不宜大于 2.5m；孔深不宜大于 30m。当桩净距小于 2.5m 时，应采用间隔开挖。相邻排桩跳挖的最小施工净距不得小于 4.5m。

6.6.6   人工挖孔桩混凝土护壁的厚度不应小于 100mm，混凝土强度等级不应低于桩身混凝土强度等级，并应振捣密实；护壁应配置直径不小于 8mm 的构造钢筋，竖向筋应上下搭接或拉接。

6.6.7   人工挖孔桩施工应采取下列安全措施：

1   孔内必须设置应急软爬梯供人员上下；使用的电葫芦、吊笼等应安全可靠，并配有自动卡紧保险装置，不得使用麻绳和尼龙绳吊挂或脚踏井壁凸缘上下。电葫芦宜用按钮式开关，使用前必须检验其安全起吊能力；

2   每日开工前必须检测井下有毒、有害气体，并应有相应的安全防范措施；当桩孔开挖深度超过 10m 时，应有专门向井下送风的设备，风量不宜少于 25L/s；

3   孔口四周必须设置护栏，护栏高度宜为 0.8m；

4   挖出的土石方应及时运离孔口，不得堆放在孔口周边 1m 范围内，机动车辆的通行不得对井壁的安全造成影响；

5   施工现场的一切电源、电路的安装和拆除必须遵守现行行业标准《施工现场临时用电安全技术规范》（JGJ 46）的规定。

6.6.9   第一节井圈护壁应符合下列规定：

1   井圈中心线与设计轴线的偏差不得大于 20mm；

2   井圈顶面应比场地高出 100~150mm，壁厚应比下面井壁厚度增加 100~150mm。

6.6.10   修筑井圈护壁应符合下列规定：

1   护壁的厚度、拉接钢筋、配筋、混凝土强度等级均应符合设计要求；

2　上下节护壁的搭接长度不得小于50mm；

3　每节护壁均应在当日连续施工完毕；

4　护壁混凝土必须保证振捣密实，应根据土层渗水情况使用速凝剂；

5　护壁模板的拆除应在灌注混凝土24h之后；

6　发现护壁有蜂窝、露水现象时，应及时补强；

7　同一水平面上的井圈任意直径的极差不得大于50mm。

6.6.11　当遇有局部或厚度不大于1.5m的流动性淤泥和可能出现涌土涌砂时，护壁施工可按下列方法处理：

1　将每节护壁的高度减小到300mm～500mm，并随挖、随验、随灌注混凝土；

2　采用钢护筒或有效的降水措施。

6.6.12　挖至设计标高后，应清除护壁上的泥土和孔底残渣、积水，并应进行隐蔽工程验收。验收合格后，应立即封底和灌注桩身混凝土。

8.1.2　当承台埋置较深时，应对邻近建筑物及市政设施采取必要的保护措施，在施工期间应进行监测。

8.1.3　基坑开挖前应对边坡支护型式、降水措施、挖土方案、运土路线及堆土位置编制施工方案，若桩基施工引起超孔隙水压力，宜待超孔隙水压力大部分消散后开挖。

8.1.4　当地下水位较高需降水时，可根据周围环境情况采用内降水或外降水措施。

8.1.5　挖土应均衡分层进行，对流塑状软土的基坑开挖，高差不应超过1m。

8.1.6　挖出的土方不得堆置在基坑附近。

8.1.7　机械挖土时必须确保基坑内的桩体不受损坏。

8.1.8　基坑开挖结束后，应在基坑底做出排水盲沟及集水井，如有降水设施仍应维持运转。

8.1.9　在承台和地下室外墙与基坑侧壁间隙回填土前，应排除积水，清除虚土和建筑垃圾，填土应按设计要求选料，分层夯实，对称进行。

(6)《大直径扩底灌注桩技术规程》（JGJ/T 225—2010）：

7.4.6　人工挖孔大直径扩底灌注桩的桩身直径不宜小于0.8m；孔深不宜大于30m。当相邻桩间净距小于2.5m时，应采取间隔开挖措施。相邻排桩间隔开挖的最小施工净距不得小于4.5m。

7.4.7　人工挖孔大直径扩底灌注桩的混凝土护壁厚度及护壁配筋应符合下列规定：

1　当桩身直径不大于1.5m时，混凝土护壁厚度不宜小于100mm，护壁应配置直径不小于8mm的环形和竖向构造钢筋，钢筋水平和竖向间距不宜大于200mm，钢筋应设于护壁混凝土中间，竖向钢筋应上下搭接或焊接；

2　当桩身直径大于1.5m且小于2.5m时，混凝土护壁厚度宜为120mm～150mm；应在护壁厚度方向配置双层直径为8mm的环形和竖向构造钢筋，钢筋水平和竖向间隔不宜大于200mm，竖向钢筋应上下搭接或焊接；

3　当桩身直径大于等于2.5m且小于4m时，混凝土护壁厚度宜为200mm，应在护壁厚度方向配置双层直径为8mm的环形和竖向构造钢筋，钢筋水平和竖向间距不宜大于

200mm，竖向钢筋应上下搭接或焊接。

7.4.8 开始挖孔前，桩位应准确定位放线，应在桩位外设置定位基准桩，安装护壁模板时应采用定位基准桩校正模板位置。

7.4.9 第一节护壁井圈应符合下列规定：

1 井圈中心线与设计轴线的偏差不得大于20mm；

2 井圈顶面应高于场地地面100mm～150mm，第一节井圈的壁厚应比下一节井圈的壁厚加厚100mm～150mm，并应按本规程第7.4.7条的规定配置构造钢筋。

7.4.10 人工挖孔大直径扩底桩施工时，每节挖孔的深度不宜大于1.0m；每节挖土应按先中间、后周边的次序进行。当遇有厚度不大于1.5m的淤泥或流砂层时，应将每节开挖和护壁的深度控制在0.3m～0.5m，并应随挖随验，随做护壁，或采用钢护筒护壁施工，并应采取有效的降水措施。

7.4.11 扩孔段施工应分节进行，应边挖、边扩、边做护壁，严禁将扩大端一次挖至桩底后再进行扩孔施工。

7.4.12 人工挖孔桩应在上节护壁混凝土强度大于3.0MPa后，方可进行下节土方开挖施工。

7.4.13 当渗水量过大时，应采取截水、降水等有效措施。严禁在桩孔中边抽水边开挖。

7.4.14 护壁井圈施工应符合下列规定：

1 每节护壁的长度宜为0.5m～1.0m；

2 上下节护壁的搭接长度不得小于50mm；

3 每节护壁均应在当日连续施工完毕；

4 护壁混凝土应振捣密实，如孔壁少量渗水可在混凝土中掺入速凝剂，当孔壁渗水较多或出现流砂时，应采取钢护筒等有效措施；

5 护壁模板的拆除应在灌注混凝土24h后进行；

6 当护壁有孔洞、露筋、漏水现象时，应及时补强；

7 同一水平面上的井圈直径的允许偏差应为50mm。

7.4.15 当挖至设计标高后，应清除护壁上的泥土和孔底残渣、积水，隐蔽工程验收后应立即封底和灌注桩身混凝土。当桩底岩石因浸水等软化时，应清除干净后方可灌注混凝土。

7.6.6 人工挖孔大直径扩底桩施工应采取下列安全措施：

1 孔内应设置应急软爬梯供作业人员上下；操作人员不得使用麻绳、尼龙绳吊挂或脚踏井壁上下；使用的电葫芦、吊笼等应安全可靠，并应配有自由下落卡紧保险装置；电葫芦宜用按钮式开关，使用前应检验其安全起吊能力，并经过动力试验；

2 每日开工前应检测孔内是否有有毒、有害气体，并应有安全防范措施；当桩孔挖深超过3m～5m时，应配置向孔内作业面送风的设备，风量不应少于25L/s；

3 在孔口应设置防止杂物掉落孔内的活动盖板；

4 挖出的土方应及时运离孔口，不得堆放在孔口周边5m的范围内；当孔深大于6m

时，应采用机械动力提升土石方，提升机构应有反向锁定装置。

（7）《基坑工程技术规程》（DB42/T 159—2012）：

6.14.1　符合表6.14.1所列坡度值可视为"自稳边坡"。对自稳边坡可酌情（土质、基坑维持时间、环境条件）采取一定的坡面保护措施，保护设施不作为受力构件设计。

表6.14.1　　　　　　　　　　　　　自稳边坡容许坡度

岩土类别	状态或风化程度	坡高	容许坡度值	说　　明
杂填土	中密至密实，成分以建筑垃圾为主	5m以内	1：0.75～1：1.00	1. 有经验的地区应根据经验确定稳定坡度值 2. 在土质不均、有软弱夹层或边坡岩体构造节理发育的情况下，对边坡稳定性应另做专门研究
黏性土	坚硬	5m以内	1：0.75～1：1.00	
	硬塑		1：1.00～1：1.25	
	可塑		1：1.25～1：1.50	
粉土	稍湿（地下水位以上）	5m以内	1：1.00～1：1.25	
碎石土	密实	5m以内	1：0.35～1：0.50	
	中密		1：0.50～1：0.75	
	稍密		1：0.75～1：1.00	
软质岩石	微风化	8m以内	1：0.35～1：0.50	
	中等风化		1：0.50～1：0.75	
	强风化		1.0.75～1：1.00	
硬质岩石	微风化	8m以内	1：0.10～1：0.20	
	中等风化		1：0.20～1：0.50	
	强风化		1：0.50～1：0.75	

8.1.1　施工前应具备已批准的基坑工程设计文件、施工组织设计、施工应急预案、监测方案等技术文件。

8.1.2　基坑工程施工前应查明基坑周围的地表水以及场地的地下水情况，做好基坑周边及坑内的明水排放，以及坑周边地面防水保护措施。对有可能排入或渗入基坑的地面雨水、生活用水、上下水管渗漏水应设法堵、截、排，并在土方开挖前结合路面硬化做好防排水工作，尤其在老黏性土分布区应严防各种地表水渗入边坡土体和基坑内。

8.1.3　基坑工程施工前应查明基坑周围建（构）筑物的基础形式与埋置深度，基坑周围地下市政管网的位置与走向等周边建筑环境，明确需保护的坑内基础工程；了解临近工程的基坑开挖和基础施工情况；基坑的施工应保证建筑场地及周边环境的使用安全。

8.1.4　施工时应搞好各分项工程的协调管理，合理安排工期，并注意各工序衔接，确保其技术保障工期（如混凝土强度龄期）的落实，使得支护结构能够按设计运行。同时，及时掌握工程的运行情况，一旦出现异常情况，应果断采取应急备用方案。

8.1.5　基坑开挖应按照分层、分段、对称、均衡、限时的原则确定开挖顺序，并符合各设计工况的要求，不得超挖。合理安排车辆的进出道路，并对道路路面进行硬化。

8.1.6　基坑开挖和施工应采取信息法施工；对重要的基坑工程宜利用监测信息进行反分析，检验校核设计与施工参数，指导后续的设计和施工。

8.1.7　基坑开挖至设计标高后，应及时进行垫层及基础施工，防止水浸和暴露，并确保基础和地下空间结构施工的紧密衔接；并尽快回填地下室与临时支护结构之间的肥槽。

A2　国家电网有限公司相关规章规定条文摘录

（1）开挖作业前，必须规范设置警戒区域，悬挂警告牌，设置孔洞盖板、安全围栏、安全标志牌，并设专人监护，禁止非作业人员进入。（《国家电网公司输变电工程施工安全风险识别、评估及预控措施管理办法》中输变电工程风险库—预控措施，《输电线路工程施工现场关键点作业安全管控措施》）

（2）孔深大于 15m 的人工挖孔桩基础施工前，施工单位应编制深基坑施工专项方案，并组织专家对专项方案进行论证。所有作业人员须经方案技术交底后进场施工。（《国家电网公司输变电工程施工安全风险识别、评估及预控措施管理办法》中输变电工程风险库—预控措施）

（3）基础施工分包商资质须满足分包管理要求，分包内容与范围符合公司规定及施工合同约定。采取劳务分包的，必须执行"作业层班组骨干＋劳务分包人员"的作业组织管理模式，班组骨干人员必须对同一时间实施的所有作业面进行有效掌控，全程到位指挥、监护。采取专业分包，必须监督专业分包队伍组织作业班组有效落实安全技术措施，有序组织、指挥、监护施工作业。［《国网基建部关于进一步加强输电线路基础深基坑作业风险管控的通知》（基建安质〔2019〕48 号）］

（4）各类人员、安全工器具、施工机械设备、材料等已经报审并批准，满足现场安全技术要求。施工作业前仔细检查现场安全工器具、施工机械设备合格后方可使用。（《输电线路工程施工现场关键点作业安全管控措施》）

（5）开挖作业前，必须规范设置警戒区域，悬挂警告牌，设置孔洞盖板、安全围栏、安全标志牌，并设专人监护，禁止非作业人员进入。（《国家电网公司输变电工程施工安全风险识别、评估及预控措施管理办法》中输变电工程风险库—预控措施，《输电线路工程施工现场关键点作业安全管控措施》）

（6）基坑开挖作业现场应配备应急抢救器具，如防毒面罩、呼吸器具、通信设备、梯子、绳子、应急药箱（防温降暑、防毒蛇、毒蜂药品等）以及其他必要的器具和设备，应急工具应摆放在方便取用的位置。［《国网基建部关于进一步加强输电线路基础深基坑作业风险管控的通知》（基建安质〔2019〕48 号）］

（7）深基坑基础分部工程开工前，应组织施工人员开展深基坑作业救援培训和应急演练。［《国网基建部关于进一步加强输电线路基础深基坑作业风险管控的通知》（基建安质〔2019〕48 号）］

（8）上述措施完成后，由作业负责人办理《安全施工作业票 B》，施工项目部审核签发。作业孔深小于 15m，监理人员现场检查确认后，在作业票中签字，同意开始作业。作业孔深大于等于 15m，总监理工程师现场检查签字，业主项目经理确认签字，同意开始作业。（《国家电网公司输变电工程施工安全风险识别、评估及预控措施管理办法》中输变电工程风险库—预控措施）

（9）每日施工前，现场负责人应在站班会上专门进行安全技术交底，并随机抽取施工人

员进行提问，被提问人回答正确后方可作业。(《输电线路工程施工现场关键点作业安全管控措施》)

(10) 根据土质情况采取相应护壁措施防止塌方，第一节护壁应高于地面 150mm～300mm，便于挡土、挡水。挖出的土石料应及时运离坑口，扩坑范围内的地面上不得堆积土方，堆土高度不应超过 1.5m。[《国家电网公司电力安全工作规程（电网建设部分）（试行）》]

(11) 施工用电设施安装、运行、维护应由专业电工负责，接线头必须接触良好，导电部分不得裸露，金属外壳必须接地，做到"一机一闸一保护"。使用软橡胶电缆，电缆不得破损、漏电，工作中断时必须切断电源。[《国家电网公司电力安全工作规程（电网建设部分）（试行）》]

(12) 有限空间作业现场的氧气含量应在 19.5%～23.5%。有害有毒气体、可燃气体、粉尘容许浓度应符合国家标准的安全要求，不符合时应采取清洗或置换等措施。[《国家电网公司电力安全工作规程（电网建设部分）（试行）》]

(13) 应按照设计要求设置护壁，应有防止孔口坍塌的安全措施。挖出的土石方应及时运离孔口，不得堆放在孔口四周 1m 范围内，堆土高度不应超过 1.5m。机动车辆的通行不得对井壁的安全造成影响。[《国家电网公司电力安全工作规程（电网建设部分）（试行）》]

(14) 基坑深度达 2m 时，应用机械取土；人工挖孔和提土操作应设专人监护，并密切配合。人力提土绞架刹车装置、电动葫芦提土机械自动卡紧保险装置应安全可靠，提土斗应使用结实可靠、并与提升荷载相匹配的轻型工具，吊运土不得满装，吊运时坑内人员应靠坑壁站立。(《国家电网公司输变电工程施工安全风险识别、评估及预控措施管理办法》中输变电工程风险库—预控措施)

(15) 深度大于 5m 的掏挖基础、孔深小于等于 15m 的人工挖孔桩基础开挖属于三级风险，监理项目部须现场监督；深度大于 5m 但未采用混凝土护壁的掏挖基础、孔深大于 15m 的人工挖孔桩基础开挖属于四级风险，业主项目部、监理项目部须现场监督。深基坑作业期间，省级公司、建设管理单位、监理单位及施工单位相关管理人员应按照不同风险等级到岗履职要求，对施工现场开展监督检查，逐项确认风险控制措施落实情况。(《国家电网公司输变电工程施工安全风险识别、评估及预控措施管理办法》中输变电工程风险库—预控措施)

(16) 当坑深超过 5m 时，用风机或风扇向坑内送风不少于 5min；坑深超过 10m 时，应用专用风机向坑内送风，风量不得少于 25L/s，且孔内电缆必须有防磨损、防潮、防断等保护措施。(《国家电网公司输变电工程施工安全风险识别、评估及预控措施管理办法》中输变电工程风险库—预控措施)

(17) 坑内作业应坚持"先通风、再检测、后作业"的原则，作业班组必须配备气体检测仪，每日开工前应检测坑内空气，并做好记录。每次下坑前，现场负责人或安全监护人使用气体检测仪检测坑内空气，空气中的含氧量不足或超标时，必须采取通风措施，当存在有毒、有害气体时，应首先排除。不得用纯氧进行通风换气，不得在坑内使用燃油动力机械设备。(《国家电网公司输变电工程施工安全风险识别、评估及预控措施管理办法》中输变电工程风险库—预控措施)

（18）施工人员上下应使用梯子（软梯），梯子通过牢固的锚桩（针）固定，并同时使用防坠器，严禁作业人员乘用提土工具上下。坑内上下递送工具物品时，不得抛掷，应采取措施防止物件落入坑内。[《国家电网公司电力安全工作规程（电网建设部分）（试行）》]

（19）孔下作业不得超过两人，每次不得超过 2h。人工开挖时上下人员轮换作业，基坑上人员密切观察坑下人员情况，互相呼应，不得擅离岗位，发现异常立即协助坑内人员撤离，并及时上报。[《国家电网公司电力安全工作规程（电网建设部分）（试行）》]

（20）作业区域设置坑洞盖板或硬质围栏、安全标志牌，并设专人监护，必要时夜间应设置警示红灯。（《国家电网有限公司输变电工程安全文明施工标准化管理办法》）

附录 B　电力工程深基坑典型事故案例

B1　2019 年 7 月 3 日，陕西丹凤县境内××输电线路
工程发生 2 名人员死亡事故

B1.1　事故经过

2019 年 7 月 3 日 6 时，沈阳××建筑工程有限公司组织施工人员对位于××镇××村西坡输电线路工程 N6263 号塔基坑进行基础开挖作业。该公司雇用的当地进城务工人员刘×带马××、王××前往工地施工。后因柴油机发生故障，短时间内不能恢复正常作业，工地施工人员富余，于是刘×留下王××继续在工地搅拌混凝土，自己和马××离开了工地。16 时 18 分，刘×电话告知王××N6262 号塔基工地出事了，让他抓紧过去。王××随即从 N6263 号塔基工地赶到 N6262 号塔基工地，发现刘×和马××在 N6262 号塔工地直径 3m、深 9m 的 D 腿基坑中，D 腿基坑边挂一软梯，底部刘×蹲着从后面抱着马××。刘×让王××将水杯用绳吊到基坑底部，又让王××找粗绳救人，王××找到粗绳后再喊刘×，刘×没有回应。王××立即给工地施工负责人庄××打电话报告此事并通知了家属。庄××立即赶往发生事故的 N6262 号塔，同时拨打了 120 急救电话。约半小时后，庄××和沈阳××建筑工程有限公司员工杨××、董×陆续赶到事发现场，庄××先后下到 D 腿基坑底部将刘×和马××救出，马××已没有呼吸，对刘×进行胸外按压、做人工呼吸等急救措施，在刘×、马××两人家属和工友的帮助下将刘×、马××两人抬下山。下山途中遇到 120 急救中心派出的急救医生，刘×、马××两人最终经抢救无效死亡。

B1.2　事故原因分析

(1) 事故直接原因：沈阳××建筑工程有限公司人员马××违规进入未列入当日施工计划的塔基基础受限空间作业，遇险后刘×冒险施救。

(2) 事故间接原因：①沈阳××建筑工程有限公司人员刘×、马××安全意识淡漠，私自进入未列入当日施工计划的塔基基础作业，安全防范不到位，救援不及时；②沈阳××建筑工程有限公司对未安排工作计划的施工现场管理缺失，给施工人员私自作业留下机会。

B1.3　事故暴露的问题

(1) 安全履责不到位。××送变电公司相关领导干部、管理人员和现场人员汲取以往事故教训不深刻，思想认识不到位，思想麻痹大意，未对照自身岗位安全责任清单做好履责工作。

(2) 分包管理不到位。施工项目部对分包队伍管理缺失，分包人员在没有安排工作计划任务的情况下私自作业，现场管理失控。未将劳务分包人员纳入本单位从业人员统一管理，对劳务分包人员的安全教育培训不到位。

（3）对新雇用当地劳务人员参与施工的风险分析不足。未建立对当地雇用劳务人员的有效管控机制，对劳务用工人员作业时间不掌握。对劳务人员安全教育不到位、管理不严格。

（4）作业计划管控不严，缺乏有效管控措施。对分包队伍作业计划管控不严，施工项目部未对所有作业进行全面掌控，作业前未分析安全风险、未制订防护措施。

B1.4 事故防范措施

（1）落实安全责任，全员深刻汲取事故教训。严格按照"党政同责、一岗双责、齐抓共管、失职追责"要求，健全全员安全生产责任制。对照岗位安全责任清单内容，严格工程建设安全履责，项目安全管控贯穿工程建设始终，各类施工现场安全可控在控。利用班组安全活动和其他各种形式，面向全员进行再学习、再落实、再强化，利用事故教训，狠抓全员责任落实，真正做到汲取教训、警钟长鸣。

（2）加大考核力度，严抓督查问题整改落实工作。严格实行安全事故"一票否决""负面清单""黑名单"机制，加大对事故责任单位、责任人的追责力度。坚决杜绝"重检查，轻整改"的现象，提高整改效率。深入分析查找问题的根源，逐项制订整改落实的举措，把整改事项落实到责任领导和具体责任人，明确完成时限，确保一件一件落实、一条一条兑现。

（3）严把工程管控，加强基建分包队伍安全管理。做好过程管控工作，及时准确掌控分包人员作业信息，刚性执行作业计划，提升对分包队伍管理的穿透力和执行力。推进基建改革十二项配套措施落地，强化施工作业安全管控，建设成建制作业层班组。严把劳务分包队伍和人员准入关口，确保将核心劳务分包人员配置作为选用分包队伍的硬约束。科学培育核心分包商，动态清理不合格分包队伍，准确掌控分包人员安全状态。将劳务分包人员纳入施工单位统一管理，坚决杜绝各类"以包代管"现象。

（4）深化风险预控，做好作业现场全过程安全管控。作业现场安全管控做到无盲区，关键人员、技术骨干等专业力量充足、不缺位，具备视频监控区域，做到安全监察视频全覆盖。抓安全源头管控，重点结合施工现场隐患排查，准确识别风险源，落实预控措施。科学合理安排工期，推进规范重点项目建设和管理，强化脚手架、深基坑开挖、组塔、紧/放线、索道、爆破等专项安全管理。抓好安全教育培训及交底要求，尤其重点对临时雇佣人员的安全警示教育，提升作业人员敬畏安全、主动安全意识。确保全部施工作业人员熟悉现场危险点，严格执行安全工作规程要求，严格落实预控措施。加大安全督查力度，不定期对于在建工程项目开展督查，狠抓习惯性违章和管理性违章，确保作业现场安全稳定。

B2 2020 年 7 月 2 日，湖南××220kV 输变电线路工程基础施工专业分包单位在基础浇筑作业中，发生 5 名人员死亡事故

B2.1 事故经过

2020 年 7 月 2 日，由湖南××供电公司建设管理、××送变电工程有限公司施工承包的湖南××220kV 输变电线路工程，基础施工专业分包单位湖南××电力建设公司在基础

浇筑作业中，发生 5 名作业人员窒息死亡事故。

发生事故的 G30 桩号基础深 13m、孔径 2m。7 月 2 日，施工现场的工作任务是混凝土浇筑。上午 8 时 30 分左右，现场发现基坑内的声测管（用于检测混凝土质量）底部不稳，在未采取通风和检测措施的情况下，2 名作业人员冒险进入基坑绑扎声测管，长时间未出基坑。随后，有 3 名作业人员进入基坑查看情况，盲目施救，结果进入基坑的 5 人窒息死亡。

B2.2 事故暴露的问题

经初步调查分析，事故暴露出以下问题：

（1）作业人员安全意识不强，安全技能严重缺乏，冒险作业。

（2）作业人员缺乏基本的救援常识和互救能力，盲目施救造成事故扩大。

（3）施工安全技术管理不到位，未执行"先通风、再检测、后作业"要求，未落实人员防护措施。

（4）现场管理混乱，针对现场临时增加的基坑内作业，未开展风险评估、制订落实防控措施。

B2.3 事故防范措施

针对事故暴露的问题，各单位立即围绕以下重点内容，组织开展深基坑作业风险排查整治。

（1）严格开展深基坑作业人员安全专项培训，对公司《国家电网公司电力安全工作规程（电网建设部分）（试行）》基建安全制度中关于深基坑作业的全部内容进行考试，不合格者坚决不得进入基坑作业。

（2）严格执行深基坑作业前通风不少于 5min 的要求，并在作业中始终保持良好通风。对深度超过 10m 的基坑，要使用专用风机，坚决做到"不通风、不作业"。

（3）严格执行作业前气体检测，对检测人员采取充分的防护措施，基坑内含氧量不足或超标时，或基坑内有害/有毒气体、粉尘浓度不符合国家标准的安全要求时，不得强行进入基坑作业。

（4）配齐配足防毒面罩、呼吸器具、通信设备、梯子、绳缆等安全设备和抢救设备，所有进入基坑的作业人员要系好安全绳，做好自身防护，防护不到位的，不得进入基坑作业。

（5）在基坑坑口设置专责监护人，全程密切监视坑内作业人员情况，互相呼应，不得擅离岗位。未设置专责监护人的，不得开展基坑内作业。

（6）要制定现场防人员窒息应急措施，明确施救时需佩戴的呼吸器具和救援器材，严防盲目施救故造成事故扩大。排查整治中，对发现安全隐患的现场，一律停工整顿；各级单位基建部门、安监部门要加强监督指导，确保排查整治取得实效。

B3 2020 年 10 月 3 日，四川××变电站 110kV 配套工程Ⅰ标段，发生 2 名人员死亡事故

2020 年 10 月 3 日 18 时左右，四川××电力股份有限公司向四川能源监管办报告，其建管的××变电站 110kV 配套工程Ⅰ标段，发生一起人身伤亡事故，死亡 2 人。

简要事故经过：

10 月 3 日 12：55，四川××电力股份有限公司接项目部监理单位四川××建设项目管理有限公司电话报告，××输变电有限公司承建的四川××电力股份有限公司××变电站110kV 配套工程 I 标段，在××镇××村马家二组山顶 N47 号塔施工时发生基坑开挖上方碎石垮塌，下方基坑开挖人员 2 人被掩埋。经过全力施救后送至山下的 120 救护车，确认 2 人已经死亡。

10 月 3 日，四川能源监管办要求四川××电力股份有限公司在建电力工程全面停工整顿，吸取事故教训，举一反三，对所管辖范围内的电力建设工程开展全面隐患排查工作，杜绝事故再次发生。四川能源监管办向国家能源局值班室汇报该事故，并继续跟踪事故情况。